高等学校教师教育规划教材

数学

二年级

主　编　唐志华
副主编　鲍文瀚
编写人员（按姓氏笔画排列）
　　　　丁海秋　孙　虎　孙崇秀
　　　　张　轶　唐志华　鲍文瀚

南京大学出版社

高等学校教师教育规划教材

编写说明

　　为了适应基础教育课程改革和小学教师教育专业化的需要,2009 年我们组织编写了五年制高等师范教材,受到了五年制高等师范师生的欢迎和好评,在师范生培养方面发挥了积极作用。近 10 年来,五年制高等师范学校发展取得重大突破,办学层次得到了提升。有的五年制高等师范已独立升格为高等师范专科学校,也有的并入本科院校,承担起培养本专科学历小学和幼儿园教师的任务。

　　党和政府高度重视教师教育和教师队伍建设,不断推出改革举措。近 10 年来,我国教师教育改革取得了历史性的重大成就。教师的专业化程度不断提升,教师教育体系由封闭走向开放、培养培训分离走向一体化,教师教育模式逐渐多元化,教师教育管理体制从以计划为导向转变为以标准为导向。

　　自 2011 年以来,教育部连续发布了教师教育课程标准、中小学幼儿园教师专业标准、"国培计划"课程标准、中小学幼儿园教师培训课程指导标准以及中学、小学、学前教育等专业认证标准,为教师教育诸领域设定了国家标准,对教师的培养、准入、培训、考核进行了规范性建设和引导,成为我国教师教育质量保障体系的有机构成。在完善系列标准的同时,教育部同步开展了中小学教师资格考试和定期注册制度改革试点,并于 2017 年正式启动实施了师范类专业认证,初步构建起覆盖教师职前培养、入职资格制度到在职专业发展的上下衔接、链条完整的教师教育质量保障体系。

　　办好人民满意的教育,教师队伍建设是关键;而提高教师教育质量,加强教材建设是重点。为了适应新时代教师教育改革发展的需要,体现时代性、增强针对性,我们对教材进行修订,并作为高等学校教师教育规划教材推出,供培养本专科学历小学和幼儿园教师的院校选用。此套教材,我们在充分调研的基础上,聘请了师范院校具有丰富教学经验和较高学术水平的学科带头人担任学科教材的主编,师范院校从事教学的一线骨干教师共同参与编写,并聘请知名专家对教材初稿进行审定。

　　欢迎专家学者和广大师生对本套教材提出意见,以便我们继续加以完善。

教材编写委员会

2019 年 6 月

目 录

第十一章

直线与圆的方程

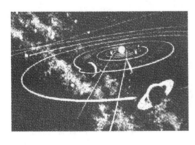

现实世界向我们展示了许多美妙的曲线. 纵横交错的现代立交桥, 雨过天晴后的彩虹……而曲线则与方程息息相关. 人们要认识行星绕太阳运行的规律, 需要建立行星运行的轨道方程; 在建造斜拉桥梁的设计中, 需要确定塔柱与斜拉钢索的方程……

这些例子体现了几何(曲线)与代数(方程)的完美结合, 并且这些结合是通过建立坐标系来实现的.

我们知道, 直线和圆都是满足某种几何条件的点的集合(轨迹), 那么, 如何通过坐标系建立它们的方程并研究它们的几何性质呢?

11.1 直线的倾斜角和斜率

直线是平面几何中最常见的图形之一,为了更好地建立直线与方程的关系,我们先来考虑确定一条直线的要素.

11.1.1 直线的倾斜角

一条直线的位置,可以由两点来确定.如果一条直线仅过一个已知点,它就不能被确定,进一步地,再给定它的倾斜程度(方向),就能被确定了.可见,确定直线位置的要素除了两点之外,还可以是直线上一点和直线的方向.通过建立直角坐标系,点可以用坐标来刻画,那么直线的方向用什么来刻画呢?

如图 11-1-1,我们把一条直线向上的方向与 x 轴的正方向所成的最小正角叫做这条直线的**倾斜角**(elevation angle),并规定:与 x 轴平行或重合的直线的倾斜角为 $0°$ 的角.

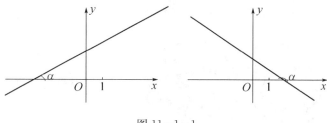

图 11-1-1

设一条直线的倾斜角为 α,则 α 的取值范围是 $0° \leqslant \alpha < 180°$.并且,任何一条直线都有唯一的倾斜角.倾斜角的大小确定了直线的方向.

对直线的倾斜角 α,要强调两个方面:α 由直线向上的方向和 x 轴正方向确定;α 是最小正角.

11.1.2 直线的斜率

日常生活中,还有另一种表示直线倾斜程度的量.如图 11-1-2,我们经

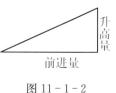

图 11-1-2

常用"升高量与前进量的比"表示"坡度",即坡度$=\dfrac{\text{升高量}}{\text{前进量}}$.

这里的"坡度"类似于倾斜角 α 的正切值.

在直角坐标系中,我们也可以类似地利用这种方法刻画直线的倾斜程度.

倾斜角不是 $90°$ 时,我们把倾斜角 α 的正切叫做这条直线的**斜率**(slope).斜率常用小写字母 k 表示,即

$$k = \tan \alpha \quad (\alpha \neq 90°).$$

斜率的定义中为什么选择正切,而不选择正弦、余弦?

例如,倾斜角 $\alpha = 45°$ 时,这条直线的斜率 $k = \tan 45° = 1$.

已知直线过两点 $P(x_1, y_1)$,$Q(x_2, y_2)$,如果 $x_1 \neq x_2$(如图 $11-1-3(1)$),那么直线 PQ 的斜率 $k = \tan \alpha = \dfrac{y_2 - y_1}{x_2 - x_1}$,

即　　　　　$k = \dfrac{y_2 - y_1}{x_2 - x_1} \quad (x_1 \neq x_2)$.

如果 $x_1 = x_2$(图 $11-1-3(2)$),那么直线 PQ 的倾斜角为 $90°$,其斜率不存在.

倾斜角 α 为零角、锐角、钝角时,结论均成立.其中倾斜角 α 为钝角时,你能推导该结论吗?

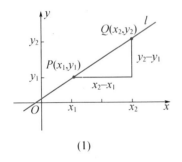
(1)

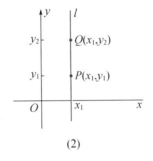
(2)

图 $11-1-3$

对于不垂直于 x 轴的定直线而言,它的斜率是一个定值,由该直线上任意两点确定的斜率总是相等的.

直线的倾斜角 α 与其斜率 k 之间有如下关系:

α	零角	锐角	直角	钝角
	$\alpha = 0°$	$0° < \alpha < 90°$	$\alpha = 90°$	$90° < \alpha < 180°$
k	$k = 0$	$k > 0$	k 不存在	$k < 0$

例1 在同一直角坐标系中,画出过点 $A(-2,-3)$、倾斜角 α 分别为下列各值的直线,并求其斜率.

(1) $\alpha = 30°$;   (2) $\alpha = 120°$;   (3) $\alpha = 0°$.

解 (1) $k = \tan 30°$

$= \dfrac{\sqrt{3}}{3}$.

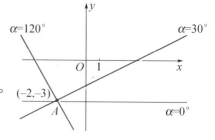

(2) $k = \tan 120° = \tan(180° - 60°) = -\tan 60° = -\sqrt{3}$.

(3) $k = \tan 0° = 0$.

图 11 - 1 - 4

所画直线如图 11 - 1 - 4 所示.

例2 如图 11 - 1 - 5,直线 l_1,l_2,l_3 都经过点 $Q(3,2)$;又 l_1,l_2,l_3 分别经过点 $P_1(-1,-3)$,$P_2(5,-2)$,$P_3(-3,2)$.试计算直线 l_1,l_2,l_3 的斜率.

解 设 k_1,k_2,k_3 分别表示直线 l_1,l_2,l_3 的斜率,

则 $k_1 = \dfrac{-3-2}{-1-3} = \dfrac{5}{4}$,

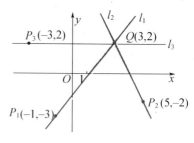

$k_2 = \dfrac{-2-2}{5-3} = -2$,

$k_3 = \dfrac{2-2}{-3-3} = 0$.

图 11 - 1 - 5

练一练

1. 已知下列直线都经过点 $(0,-1)$,倾斜角分别如下,求各直线的斜率 k,并画图.

(1) $\alpha = 60°$;   (2) $\alpha = 150°$;   (3) $\alpha = \dfrac{3\pi}{4}$.

2. 分别求经过下列两点的直线的斜率.

(1) $(1,-8)$,$(2,0)$;   (2) $(-3,3)$,$(2,-1)$;

(3) $(-1,\sqrt{3})$,$(\sqrt{3},\sqrt{3})$.

3. 填空.

(1) 已知直线 l 垂直于 x 轴,则直线 l 的倾斜角是_____,

斜率_____.

（2）已知直线 l 垂直于 y 轴，则直线 l 的倾斜角是_____，

斜率_____.

（3）直线 l 的倾斜角 α 的取值范围是_____.

（4）已知直线 AB 的斜率为1，那么它的倾斜角是_____.

4. 填表.

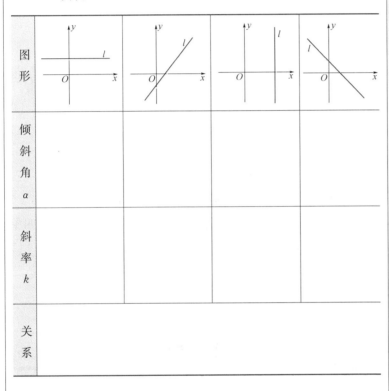

图形				
倾斜角 α				
斜率 k				
关系				

习题 11.1

1. 直线 l 经过原点和点 $(3, -3)$，则直线 l 的倾斜角为（　　）.

A. $\dfrac{\pi}{4}$　　　B. $\dfrac{3\pi}{4}$　　　C. $\dfrac{\pi}{4}$ 或 $\dfrac{3\pi}{4}$　　D. $-\dfrac{\pi}{4}$

2. 过点 $M(-2, a)$，$N(a, 4)$ 的直线的斜率为 $-\dfrac{1}{2}$，则 a 等于

（　　）.

A. -8　　　B. 10　　　C. 2　　　　D. 4

3. 过点 $A(1,-3)$ 和点 $B(-1,-3)$ 的直线的斜率为_____.

4. 过点 $A(2,b)$ 和点 $B(3,-2)$ 的直线的倾斜角为 $\frac{3\pi}{4}$,则 b 的值为_____.

5. 已知直线上一点的坐标及直线的斜率,写出直线上另一点的坐标(多解,答案不唯一).

(1) 斜率 -2,点 $(-1,-3)$;   (2) 斜率 4.5,点 $(1,2)$;

(3) 斜率 $-\frac{3}{2}$,点 $(2,-4)$;   (4) 斜率 $\frac{4}{3}$,点 $(-3,2)$.

6. 判断下列说法是否正确.

(1) 每一条直线有且只有一个倾斜角.   ( )

(2) 每一条直线有且只有一个斜率.   ( )

(3) 任意一组平行直线具有相同的斜率.   ( )

(4) 设直线的斜率为 k,

① 当 $k>0$ 时,直线一定通过第一、三象限.   ( )

② 当 $k<0$ 时,直线一定通过第二、四象限.   ( )

③ 当 $k=0$ 时,直线一定通过第一、二象限,或通过第三、四象限,或与 x 轴重合.   ( )

④ 当 k 不存在时,直线一定通过第一、四象限,或通过第二、三象限,或与 y 轴重合.   ( )

11.2 直线的方程

如前所述,在平面直角坐标系中,直线可以看作是满足某种条件的点的集合. 我们能否用一个关系式乃至一个方程将这种条件表示出来呢?

11.2.1 直线的点斜式方程

我们知道,直线的位置可以由一点和一个方向确定.

例如,直线 l 经过点 $A(-1,3)$,斜率为 -2. 设点 $P(x,y)$ 为直线 l 上除点 A 以外的任意一点,那么点 P 的坐标 (x,y) 满足什么条件呢(图 $11-2-1$)?

直线 l 上除点 A 以外任意一点 $P(x, y)$ 与定点 $A(-1, 3)$ 所确定的直线的斜率恒等于 -2，故有 $\dfrac{y-3}{x-(-1)} = -2$，整理得到方程 $y-3 = -2[x-(-1)]$，显然，点 $A(-1, 3)$ 的坐标也满足此方程.

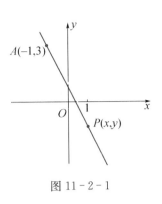

图 11-2-1

因此，当点 P 为直线 l 上任意一点时，其坐标 (x, y) 满足方程 $y-3 = -2[x-(-1)]$，即 $2x+y-1 = 0$.

设直线 l 经过点 $P_0(x_0, y_0)$，斜率为 k，直线上除 P_0 以外的任意一点 P 的坐标是 (x, y)，则直线 l 的斜率恒等于 k，即 $\dfrac{y-y_0}{x-x_0} = k$. 故得到方程 $y-y_0 = k(x-x_0)$，显然，点 $P_0(x_0, y_0)$ 也满足此方程.

一般地，方程

$$y - y_0 = k(x - x_0)$$

叫做直线的**点斜式方程**（point-slope formula equation）.

当直线 l 与 x 轴垂直时，斜率 k 不存在，其方程不能用点斜式表示，但因为 l 上的任意一点的横坐标都相同（都等于 x_0），所以它的方程是

$$x = x_0.$$

特别地，y 轴的方程为 $x = 0$.

当直线 l 平行或重合于 x 轴（倾斜角 $\alpha = 0°$）时，$k = \tan 0° = 0$，此时直线 l 的方程为

$$y = y_0.$$

特别地，x 轴的方程为 $y = 0$.

例 1　求满足下列条件的直线的方程：

（1）直线经点 $P(-2, 3)$，斜率为 2；

(2) 直线经过点 $P(-1, \pi)$，且垂直于 x 轴；

(3) 直线经过点 $P\left(10, \dfrac{1}{2}\right)$，且平行于 x 轴.

解 (1) 由题意知，$x_0 = -2, y_0 = 3, k = 2$.

由直线的点斜式方程 $y - y_0 = k(x - x_0)$，得

$$y - 3 = 2(x + 2).$$

即

$$2x - y + 7 = 0.$$

(2) 由题意知，直线上任意一点的横坐标都等于 -1.

即

$$x = -1.$$

(3) 由题意知，$x_0 = 10, y_0 = \dfrac{1}{2}$，直线的斜率为 0，即

$$k = 0.$$

由直线的点斜式方程 $y - y_0 = k(x - x_0)$，得

$$y - \dfrac{1}{2} = 0 \cdot (x - 10).$$

即

$$y = \dfrac{1}{2}.$$

例 2 求过点 $P(2, -\sqrt{3})$，且倾斜角为 $45°$ 的直线方程.

解 由题意知，$x_0 = 2, y_0 = -\sqrt{3}, k = \tan 45° = 1$.

由直线的点斜式方程，得 $y - (-\sqrt{3}) = 1 \times (x - 2)$.

整理，得所求直线方程为

$$x - y - (2 + \sqrt{3}) = 0.$$

例 3 已知直线 l 的斜率为 k，与 y 轴的交点是 $P(0, b)$，求直线 l 的方程.

解 根据直线的点斜式方程，得直线 l 的方程为

$$y - b = k(x - 0).$$

即 $\qquad y = kx + b.$

我们称 b 为直线 l 在 y 轴上的**截距**（intercept），这个方程由直线 l 的斜率和它在 y 轴上的截距确定.

方程 $y = kx + b$ 叫做直线的**斜截式方程**（slope-intercept formula equation）.

1. 根据下列条件，写出直线方程：

(1) 经过点 $(1, -2)$，斜率为 3；

(2) 经过点 $(4, -2)$，斜率为 $\dfrac{1}{8}$；

(3) 斜率为 -3，在 y 轴上的截距为 -4；

(4) 斜率为 $\dfrac{\sqrt{3}}{2}$，与 x 轴交点的横坐标为 -6；

(5) 经过点 $(0, -2)$，倾斜角为 $135°$；

(6) 经过点 $(3.5, -1)$，且平行于 y 轴；

(7) 经过点 $(-5, -1.6)$，且平行于 x 轴.

2. 已知一条直线经过点 $P(1, 5)$，且与直线 $y = -3x + 1$ 的斜率相等，则该直线的方程是 _____.

11.2.2　直线的两点式方程

如果直线 l 经过两点 $P_1(x_1, y_1)$，$P_2(x_2, y_2)(x_1 \neq x_2)$，则直线 l 的斜率 $k = \dfrac{y_2 - y_1}{x_2 - x_1}$，由直线的点斜式方程，

得 $y - y_1 = \dfrac{y_2 - y_1}{x_2 - x_1}(x - x_1)$.

当 $y_2 \neq y_1$ 时，方程可以写成 $\dfrac{y - y_1}{y_2 - y_1} = \dfrac{x - x_1}{x_2 - x_1}$，这个方程是由直线上的两点 $P_1(x_1, y_1)$，$P_2(x_2, y_2)(x_1 \neq x_2$ 且 $y_1 \neq y_2)$ 确定的.

方程 $\dfrac{y - y_1}{y_2 - y_1} = \dfrac{x - x_1}{x_2 - x_1}(x_1 \neq x_2$ 且 $y_1 \neq y_2)$ 叫做直

线的**两点式方程**（two-point formular equation）.

例 4　已知直线 l 经过两点 $A(a, 0)$，$B(0, b)$，其中 $ab \neq 0$，求直线 l 的方程（图 $11-2-2$）.

　　解　因为直线 l 经过两点 $A(a, 0)$，$B(0, b)$，并且 $ab \neq 0$，所以，由直线的两点式方程，得

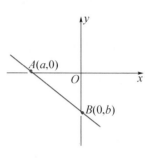

$$\frac{y-0}{b-0} = \frac{x-a}{0-a},$$

即　　$\dfrac{x}{a} + \dfrac{y}{b} = 1.$

图 $11-2-2$

任何一条直线都有 x 轴上的截距和 y 轴上的截距吗？

其中 b 为直线在 y 轴上的截距，a 称为直线在 x 轴上的截距，这个方程由直线在 x 轴和 y 轴上的非零截距所确定，所以方程 $\dfrac{x}{a} + \dfrac{y}{b} = 1$ 也叫做直线的截距式方程.

例 5　已知三角形的顶点为 $A(-5, 0)$，$B(3, -3)$，$C(0, 2)$（图 $11-2-3$），试求这个三角形三边所在直线的方程.

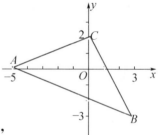

图 $11-2-3$

　　解　直线 AB 过点 $A(-5, 0)$，$B(3, -3)$，由两点式方程，得

$$\frac{y-0}{-3-0} = \frac{x-(-5)}{3-(-5)}.$$

整理，得 $3x + 8y + 15 = 0$.

因此，直线 AB 的方程为 $3x + 8y + 15 = 0$.

直线 BC 在 y 轴上的截距 $b = 2$，斜率 $k = \dfrac{2-(-3)}{0-3}$

$= -\dfrac{5}{3}$.

由斜截式方程，得 $y = -\dfrac{5}{3}x + 2$.

整理，得 $5x+3y-6=0$，

即直线 BC 的方程为 $5x+3y-6=0$.

直线 AC 在 x 轴、y 轴上的截距分别是 $-5,2$，由截距式方程，得

$$\frac{x}{-5}+\frac{y}{2}=1.$$

整理，得直线 AC 的方程为 $2x-5y+10=0$.

1. 写出经过下列两点的直线方程.

(1) $(1,3)$，$(-2,5)$;　(2) $\left(\frac{1}{2},3\right)$，$\left(-\frac{1}{3},2\right)$;

(3) $(0,2)$，$(1,0)$.

2. 已知两点 $A(3,2)$，$B(1,0)$，若点 $P(-2,m)$ 在直线 AB 上，求实数 m.

3. 求过点 $Q(2,-5)$，且在两条坐标轴上截距相等的直线方程.

11.2.3　直线的一般式方程

我们已经介绍了直线方程的几种特殊形式，它们都是关于 x 和 y 的二元一次方程，那么关于 x，y 的二元一次方程 $Ax+By+C=0$（A，B 不全为 0）都表示直线吗？

当 $B\neq0$ 时，方程 $Ax+By+C=0$ 可以写成 $y=-\frac{A}{B}x-\frac{C}{B}$，它表示斜率为 $-\frac{A}{B}$，在 y 轴上的截距为 $-\frac{C}{B}$ 的直线.特别地，当 $A=0$ 时，它表示垂直于 y 轴的直线.

当 $B=0$ 时，由 A，B 不全为 0，得 $A\neq0$，方程 $Ax+By+C=0$ 可以写成 $x=-\frac{C}{A}$，它表示垂直于 x 轴的

直线.

因此,在平面直角坐标系中,任何关于 x, y 的二元一次方程 $Ax + By + C = 0$(A, B 不全为 0)都表示一条直线.

$Ax + By + C = 0$(A, B 不全为 0)叫做**直线的一般式方程**(normal formular equation).

例 6 写出图 $11-2-4$ 中直线 l 的方程,并化为一般式方程.

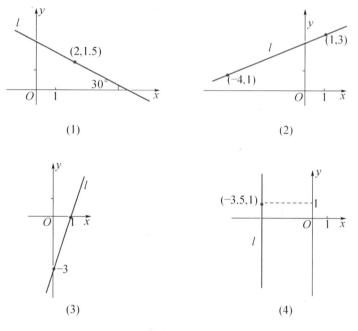

图 $11-2-4$

解 (1) 如图(1),倾斜角 $\alpha = 180° - 30° = 150°$,所以斜率 $k = \tan\alpha = \tan 150° = -\dfrac{\sqrt{3}}{3}$.

由点斜式方程,得 $y - 1.5 = -\dfrac{\sqrt{3}}{3}(x - 2)$,得一般式方程为

$$\sqrt{3}x + 3y - 2\sqrt{3} - 4.5 = 0.$$

(2) 如图(2),已知直线上两点 $(-4, 1)$,$(1, 3)$,

由两点式方程,得 $\dfrac{y - 1}{3 - 1} = \dfrac{x - (-4)}{1 - (-4)}$.

整理,得一般式方程为 $2x - 5y + 13 = 0$.

（3）如图（3）,直线在 x 轴、y 轴上的截距分别为

$$a = 1, \ b = -3.$$

由截距式方程,得 $\dfrac{x}{1} - \dfrac{y}{3} = 1$.

整理,得一般式方程为 $3x - y - 3 = 0$.

（4）如图（4）,直线过点 $(-3.5, 1)$,且平行于 y 轴,直线方程为

$$x = -3.5.$$

整理,得一般式方程为 $x + 3.5 = 0$.

注 以后如不特别说明,求直线方程的结果均指一般式方程.

例 7 直线 l 的方程为 $2x + 5y - 10 = 0$,求直线的斜率以及它在 x 轴、y 轴上的截距,并作图.

解 将直线 l 的方程 $2x + 5y - 10 = 0$ 化成斜截式 $y = -\dfrac{2}{5}x + 2$.

因此直线 l 的斜率是 $-\dfrac{2}{5}$,在 y 轴上的截距是 2.

在上面方程中,令 $y = 0$,得 $x = 5$,所以,直线 l 在 x 轴上的截距为 5（图 $11-2-5$）.

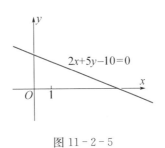

图 $11-2-5$

由直线的一般式方程,还可以用什么方法求直线的斜率?

例 8 设直线 l 的方程为 $(m^2 - 2m - 3)x + (2m^2 + m - 1)y - 2m + 6 = 0 (m \neq -1)$,根据下列条件分别确定 m 的值.

（1）直线 l 在 x 轴上的截距是 -3;

（2）直线 l 的斜率是 -1.

解 （1）令 $y = 0$,得 $x = \dfrac{2m - 6}{m^2 - 2m - 3}$.

则 $\dfrac{2m-6}{m^2-2m-3}=-3$.

解得 $m_1=3$（舍去），$m_2=-\dfrac{5}{3}$.

即 $m=-\dfrac{5}{3}$ 时，直线 l 在 x 轴上的截距是 -3.

（2）由题意，得斜率 $k=-\dfrac{m^2-2m-3}{2m^2+m-1}=-1$.

解得 $m_1=-1$（舍去），$m_2=-2$.

即 $m=-2$ 时，直线 l 的斜率为 -1.

1. 直线 $2x+3y-6=0$ 的斜率为 k，在 y 轴上的截距为 b，则有（   ）.

A. $k=-\dfrac{3}{2}$, $b=3$ B. $k=-\dfrac{2}{3}$, $b=-2$

C. $k=-\dfrac{3}{2}$, $b=-3$ D. $k=-\dfrac{2}{3}$, $b=2$

2. 若直线 $(2m^2-5m+2)x-(m^2-4)y+5=0(m\neq 2)$ 的斜率为 1，求实数 m 的值.

习题 11.2

1. 根据下列条件，写出直线的方程.

（1）过点 $(1,-2)$，倾斜角为 $\dfrac{2\pi}{3}$；

（2）过点 $(-2,0)$，$(0,\pi)$；

（3）斜率是 -3，且在 y 轴上的截距为 4；

（4）经过点 $(-1,3)$，$(4,-2)$.

2. 写出过点 $P(2,-1)$，且分别满足下列条件的直线方程.

（1）直线垂直于 y 轴；

（2）直线垂直于 x 轴；

（3）直线过原点.

3. 已知菱形的两条对角线长分别为 8 和 6,试建立适当的直角坐标系,求出菱形各边所在的直线方程.

4. 直线 l 经过点 $(3,-1)$,且与两条坐标轴围成一个等腰直角三角形,求直线 l 的方程.并画出图形.

*5. 如果 $AC < 0, BC > 0$,那么直线 $Ax + By + C = 0$ 不通过(　　).

  A. 第一象限　　　　　B. 第二象限

  C. 第三象限　　　　　D. 第四象限

6. 设直线 l 的方程为 $Ax + By + C = 0$(A,B 不同时为 0),根据下列要求,求出 A,B,C 应满足的条件.

  (1) 直线 l 过原点;

  (2) 直线 l 垂直于 x 轴;

  (3) 直线 l 垂直于 y 轴;

  (4) 直线 l 与两坐标轴都相交.

*7. 在平面直角坐标系 xOy 中,等腰三角形 ABC 的顶点为 A $(1,1)$,点 B,C 都在坐标轴上:

  (1) 举出满足上述条件的 △ABC 的例子;

  (2) 在解决(1)的过程中,你是否发现寻找 △ABC 的规律?

8. 若直线 $(m^2-1)x + (m^2-4)y + 3 = 0$ 的斜率是 2,求实数 m 的值.

11.3　两条直线的位置关系

我们知道斜率刻画了直线的倾斜程度(或方向),那么能否用两条直线的斜率来刻画两条直线的位置关系呢?

11.3.1　两条直线的平行与垂直

首先,我们研究两条直线平行的情形.

如果直线 $l_1 \parallel l_2$,l_1 的倾斜角为 $30°$,那么直线 l_1,l_2 的斜率有什么关系? 我们看到,直线 l_2 的倾斜角也为 $30°$,

$$k_1 = k_2 = \tan 30° = \frac{\sqrt{3}}{3}.$$

可以猜想:对于直线 l_1，l_2，若 $l_1 /\!/ l_2$，则 $k_1 = k_2$.

事实上，如果两条有斜率的直线平行，则它们的倾斜角相等，即斜率相等.

另一方面，如果两条不重合的直线斜率相等，那么它们互相平行.

即对于两条不重合且有斜率的直线，如果他们互相平行，那么它们斜率相等；反之，如果它们的斜率相等，那么它们互相平行. 即

$$l_1 /\!/ l_2 \Leftrightarrow k_1 = k_2 (l_1, l_2 \text{ 不重合}, k_1, k_2 \text{ 均存在}).$$

如果直线 l_1，l_2 的斜率都不存在，那么它们的倾斜角都是 $90°$，仍然有 $l_1 /\!/ l_2$.

例1 判断经过点 $A(2, 3)$，$B(-1, 0)$ 的直线 l_1，与经过点 $P(1, 0)$ 且斜率为 1 的直线 l_2 是否平行.

解 因为 $k_1 = \dfrac{0-3}{-1-2} = 1$，所以 $k_1 = k_2 = 1$，且 l_1，l_2 不重合，从而 $l_1 /\!/ l_2$.

例2 求过点 $A(1, -3)$，且与直线 $2x - y - 1 = 0$ 平行的直线方程.

解 由 $2x - y - 1 = 0$，得 $y = 2x - 1$，即已知直线的斜率是 2. 又因为所求直线与已知直线平行，因此它的斜率也是 2.

根据点斜式，得到所求的直线方程是

$$y + 3 = 2(x - 1).$$

即 $\qquad 2x - y - 5 = 0.$

例3 已知点 $A(-10, -1)$，$B\left(5, -\dfrac{7}{2}\right)$，$C(2, 3)$，$D(-4, 4)$，求证:四边形 $ABCD$ 是梯形(图 $11-3-1$).

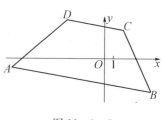

图 $11-3-1$

分析 要证明一个四边形

是梯形,只要证明一组对边平行,且另一组对边不平行即可.

证明　因为 $k_{AB} = \dfrac{-\dfrac{7}{2}-(-1)}{5-(-10)} = -\dfrac{1}{6}$, $k_{CD} = \dfrac{4-3}{-4-2} = -\dfrac{1}{6}$, 所以 $k_{AB} = k_{CD} = -\dfrac{1}{6}$, 且 AB 与 CD 不重合,从而,$AB /\!/ CD$.

又因为 $k_{AD} = \dfrac{4-(-1)}{-4-(-10)} = \dfrac{5}{6}$, $k_{BC} = \dfrac{3-\left(-\dfrac{7}{2}\right)}{2-5} = -\dfrac{13}{6}$, 所以 $k_{BC} \neq k_{AD}$.

从而,直线 BC 与 AD 不平行.

因此,四边形 $ABCD$ 是梯形.

下面我们来研究两条直线垂直的情形.

若直线 $l_1 \perp l_2$,且都不与 x 轴垂直,即都有斜率. 如图 11-3-2,设 l_1,l_2 的斜率分别为 k_1,k_2,l_1 的倾斜角为 α,则 l_2 的倾斜角为 $90°+\alpha$,因为 $\tan(90°+\alpha) = \dfrac{\sin(90°+\alpha)}{\cos(90°+\alpha)} = -\dfrac{1}{\tan\alpha}$,

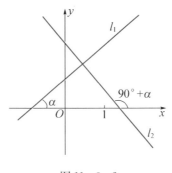

图 11-3-2

从而 $k_2 = -\dfrac{1}{k_1}$,即 $k_1 k_2 = -1$;

反过来,若 $k_1 k_2 = -1$,可以证明 $l_1 \perp l_2$(证略).

因此,当两条直线都有斜率时,如果它们互相垂直,那么它们斜率的乘积等于 -1;反之,如果它们斜率的乘积等于 -1,那么它们互相垂直,即

$$l_1 \perp l_2 \Leftrightarrow k_1 k_2 = -1\,(k_1,\ k_2\ \text{均存在}).$$

> 如果两条直线 l_1,l_2 中的一条直线斜率不存在呢?

例 4　判断下列直线 l_1,l_2 的位置关系.

(1) $l_1: \sqrt{2}x - y - 1 = 0$, $l_2: \sqrt{2}x + 2y - 13 = 0$;

(2) $l_1: \pi x - y = 0$, $l_2: x + \pi y - 3 = 0$;

(3) $l_1: 7x + 2y + 7 = 0$, $l_2: 7x + 2y - 3 = 0$;

(4) $l_1: 3x - 5y - 1 = 0$, $l_2: 4x - 5y + 5 = 0$.

解 (1)(2)(3)(4)中两直线的斜率分别为 $k_1 = \sqrt{2}$,

$k_2 = -\dfrac{\sqrt{2}}{2}$; $k_1 = \pi$, $k_2 = -\dfrac{1}{\pi}$; $k_1 = -\dfrac{7}{2}$, $k_2 = -\dfrac{7}{2}$; $k_1 = \dfrac{3}{5}$,

$k_2 = \dfrac{4}{5}$.

因此，(1)(2)中直线 $l_1 \perp l_2$；(3)中 $l_1 \parallel l_2$；(4)中 l_1, l_2 既不平行也不垂直.

例5 (1) 已知四点 $A(3, 1)$，$B(8, 4)$，$C(3, -4)$，$D(-6, 11)$，求证 $AB \perp CD$.

(2) 已知直线 l_1 的斜率是 $\dfrac{1}{2}$，直线 l_2 经过点 $A(3a, -4)$，$B(0, a^2 + 1)$，且 $l_1 \perp l_2$，求实数 a 的值.

解 (1) 由题意知，$k_{AB} = \dfrac{4-1}{8-3} = \dfrac{3}{5}$，$k_{CD} = \dfrac{11-(-4)}{-6-3}$

$= -\dfrac{5}{3}$，则有

$$k_{AB} \cdot k_{CD} = \dfrac{3}{5} \cdot \left(-\dfrac{5}{3}\right) = -1.$$

所以 $\qquad\qquad AB \perp CD.$

(2) 设直线 l_1, l_2 的斜率分别是 k_1, k_2,

则 $\quad k_1 = \dfrac{1}{2}$, $k_2 = \dfrac{(a^2+1)-(-4)}{0-3a} = -\dfrac{a^2+5}{3a}$,

因为 $l_1 \perp l_2$，则 $k_1 \cdot k_2 = -1$，即 $\dfrac{1}{2} \cdot \left(-\dfrac{a^2+5}{3a}\right) = -1$.

所以 $a^2 - 6a + 5 = 0$.

解之得 $a_1 = 1$, $a_2 = 5$. 即实数 a 为 1 或 5.

例6 如图 11-3-3，已知三角形的顶点坐标分别为 $A(3, 2)$，$B(1, -2)$，$C(-2, 3)$，求 BC 边上的高 AD 所在的

直线方程.

解　直线 BC 的斜率为

$$k_{BC} = \frac{3-(-2)}{-2-1} = -\frac{5}{3}.$$

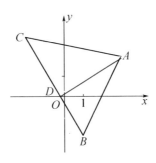

因为 $AD \perp BC$，所以

$$k_{AD} = -\frac{1}{k_{BC}} = \frac{3}{5}.$$

又因为 AD 过点 A，由点斜式

方程,得

图 11-3-3

$$y - 2 = \frac{3}{5}(x-3).$$

整理,得所求直线方程是

$$3x - 5y + 1 = 0.$$

1. 已知下列各点,判断直线 AB 与 CD 的位置关系.

(1) $A(3, -1)$, $B(-1, 1)$, $C(-3, 5)$, $D(5, 1)$;

(2) $A(2, -4)$, $B(-\sqrt{3}, -4)$, $C(0, 1)$, $D(0, -1)$.

2. 经过点 $A(-m, 6)$, $B(1, 3m)$ 的直线平行于直线 $y = 12x$,
求直线 AB 的方程.

3. 根据下列直线方程,判断直线 l_1, l_2 的位置关系.

(1) $l_1: \sqrt{5}x - y - 1 = 0$, $l_2: \sqrt{5}x - y - 3\pi = 0$;

(2) $l_1: x - 2y - 11 = 0$, $l_2: 2x + y - 4 = 0$;

(3) $l_1: x - 2y - 10 = 0$, $l_2: 2x - y - 5 = 0$.

4. 求过点 $A(1, -1)$,且分别适合下列条件的直线方程.

(1) 平行于直线 $2x + 5y - 3 = 0$;

(2) 垂直于直线 $2x + y - 2 = 0$.

11.3.2 两条直线的交点

前面我们讨论了如何用斜率刻画两直线平行或垂直的位置关系,现在我们讨论如何用方程描绘两条直线的位置关系.

设两条直线的方程分别是

$$l_1: A_1x + B_1y + C_1 = 0,$$

$$l_2: A_2x + B_2y + C_2 = 0.$$

如果这两条直线相交,由于交点同时在这两条直线上,交点的坐标一定是这两个方程的公共解;反之,如果两个二元一次方程只有一个公共解,那么以这个解为坐标的点必是直线 l_1 和 l_2 的交点.同理,两条直线重合,这两个方程有无数个公共解;两条直线平行,这两个方程没有公共解.反之亦然.

事实上,我们有如下结论:

方程组 $\begin{cases} A_1x + B_1y + C_1 = 0, \\ A_2x + B_2y + C_2 = 0 \end{cases}$ 的解	一组	无数组	无解
两条直线 l_1, l_2 的公共点	一个	无数个	零个
直线 l_1, l_2 的位置关系	相交	重合	平行

例7 求下列两条直线的交点坐标.

(1) $l_1: 3x + 4y - 2 = 0$, $l_2: 2x + y + 2 = 0$.

(2) $l_1: x = 2$, $l_2: y = -1$.

解 (1) 由方程组 $\begin{cases} 3x + 4y - 2 = 0, \\ 2x + y + 2 = 0. \end{cases}$

得 $x = -2, y = 2$

方程组的解为 $\begin{cases} x = -2, \\ y = 2. \end{cases}$

所以,直线 l_1 与 l_2 的交点坐标是 $(-2, 2)$.

(2) 直线 l_1, l_2 分别平行于 y 轴与 x 轴,两直线的交点坐标是 $(2, -1)$.

例8　判断下列直线是否相交,若相交,求出它们的交点.

(1) $l_1: 2x - y = 7$, $l_2: 3x + 2y - 7 = 0$.

(2) $l_1: x - 6y + 4 = 0$, $l_2: 2x - 12y + 8 = 0$.

(3) $l_1: 6x + 3y + 4 = 0$, $l_2: y = -2x + 3$.

解　(1) 由方程组 $\begin{cases} 2x - y - 7 = 0, \\ 3x + 2y - 7 = 0, \end{cases}$

得　$x = 3$, $y = -1$.

因此,方程组的解为 $\begin{cases} x = 3, \\ y = -1. \end{cases}$

所以,直线 l_1 和 l_2 相交,交点坐标为 $(3, -1)$.

(2) 方程组 $\begin{cases} x - 6y + 4 = 0, \\ 2x - 12y + 8 = 0, \end{cases}$ 可化为 $\begin{cases} x - 6y + 4 = 0, \\ x - 6y + 4 = 0, \end{cases}$

方程组有无数组解,即直线 l_1 和 l_2 重合.

(3) 方程组 $\begin{cases} 6x + 3y + 4 = 0, \\ 2x + y - 3 = 0, \end{cases}$ 可化为 $\begin{cases} 2x + y + \dfrac{4}{3} = 0, \\ 2x + y - 3 = 0, \end{cases}$

方程组无解,即直线 l_1 和 l_2 没有公共点,故 $l_1 \parallel l_2$.

例9　直线 l 经过原点,且经过另两条直线 $2x + 3y + 6 = 0$, $x - y - 2 = 0$ 的交点,求直线 l 的方程.

解　解方程组 $\begin{cases} 2x + 3y + 6 = 0, \\ x - y - 2 = 0, \end{cases}$

得方程组的解为 $\begin{cases} x = 0, \\ y = -2. \end{cases}$

所以两条直线 $2x + 3y + 6 = 0$ 和 $x - y - 2 = 0$ 的交点坐标为 $(0, -2)$.

又直线 l 经过原点 $(0, 0)$ 和点 $(0, -2)$,所以直线 l 的方程为 $x = 0$.

---

1. 求下列各对直线的交点,并画图.

(1) $l_1: 2x + 3y = 12$, $l_2: x - 2y = -1$;

(2) $l_1: x=2, l_2: 3x+2y-12=0$.

2. 判断下列直线的位置关系,如果相交,求出交点坐标.

(1) $l_1: 2x-3y=7, l_2: x-2y=4$;

(2) $l_1: 2x-6y+4=0, l_2: y=\dfrac{x}{3}+\dfrac{2}{3}$;

(3) $l_1: 3x-2y=6, l_2: 6x-4y=11$.

3. 若3条直线 $2x+3y+8=0$, $x-y-1=0$ 和 $x+ky+k+\dfrac{1}{2}=0$ 相交于一点,求 k 的值.

4. 若直线 l 经过两条直线 $2x-3y-3=0$ 和 $x+y+2=0$ 的交点,且与直线 $2x+y-6=0$ 平行,求直线 l 的方程.

11.3.3 点到直线的距离

如何计算点到直线的距离呢?

为解决此问题,我们先来解决两点间距离的问题. 在上册向量的数量积的学习中,曾遇到这样的思考题:你能用求向量的模的方法推得 $P_1(x_1, y_1)$, $P_2(x_2, y_2)$ 两点间的距离公式 $|P_1P_2|=\sqrt{(x_2-x_1)^2+(y_2-y_1)^2}$ 吗?

如图 11-3-4,求 A, B 两点间距离还有什么方法? 一般的, P_1, P_2 两点间距离公式也可以用另一种方法推得吗?

事实上,向量 $\overrightarrow{P_1P_2}=(x_2-x_1, y_2-y_1)$,模 $|\overrightarrow{P_1P_2}|=\sqrt{(x_2-x_1)^2+(y_2-y_1)^2}$,就是线段 P_1P_2 的长,也就是 P_1, P_2 两点间的距离,记作:$|P_1P_2|$. $P_1(x_1, y_1), P_2(x_2, y_2)$ 两点间的距离公式是

$$|P_1P_2|=\sqrt{(x_2-x_1)^2+(y_2-y_1)^2}.$$

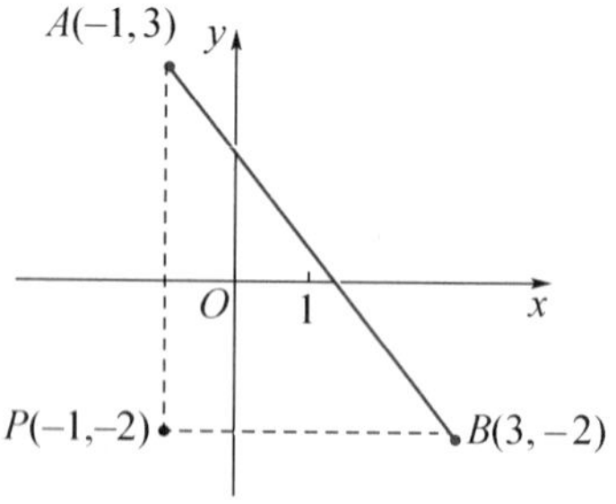

图 11-3-4

例如图 11-3-4 中,求 $A(-1, 3), B(3, -2)$ 两点间距离.

根据两点间距离公式,

$$|AB| = \sqrt{(x_2 - x_1)^2 + (y_2 - y_1)^2}$$
$$= \sqrt{[3 - (-1)]^2 + (-2 - 3)^2}$$
$$= \sqrt{41}.$$

解决了两点间距离的求解问题,如何求解点到直线的距离呢? 看一个例子.

计算点 $D(0,2)$ 到直线 $l:x - y - 2 = 0$ 的距离.

过点 D 作 $DE \perp l$,垂足为 E,则点 D 到直线 l 的距离就是线段 DE 的长(图 $11 - 3 - 5$).

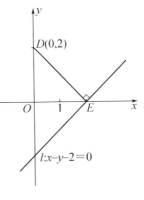

图 $11 - 3 - 5$

我们已经学过两点间距离公式 $|P_1P_2| = \sqrt{(x_2 - x_1)^2 + (y_2 - y_1)^2}$,即可以通过先求点 E 的坐标,再用两点间距离公式求 DE 的长.

由 $DE \perp l$,以及直线 l 的方程,可知 DE 所在直线的斜率为 -1.

DE 所在的直线方程是 $y - 2 = -(x - 0)$,即

$$x + y - 2 = 0.$$

由 DE 和直线 l 所在的方程,解方程组 $\begin{cases} x + y - 2 = 0, \\ x - y - 2 = 0, \end{cases}$ 得垂足 E 的坐标为 $(2,0)$.

利用两点间的距离公式,求出点 D 到直线 l 的距离

$$|DE| = \sqrt{(2 - 0)^2 + (0 - 2)^2} = 2\sqrt{2}.$$

按照这一方法和步骤,可以推导出如下一般性结论(推导略):

一般地,对于直线 $Ax + By + C = 0$(A,B 不全为 0),点 $P(x_0, y_0)$ 到该直线的距离为

$$d = \frac{|Ax_0 + By_0 + C|}{\sqrt{A^2 + B^2}}.$$

你还能通过不同的方法求出点到直线的距离吗?

例 10 求点 $P(-1, 0)$ 到下列直线的距离.

(1) $2x + y - 10 = 0$；　　　　(2) $3x = 2$.

解 (1) 根据点到直线的距离公式, 得

$$d = \frac{|2 \times (-1) + 1 \times 0 - 10|}{\sqrt{2^2 + 1^2}} = \frac{12}{\sqrt{5}} = \frac{12\sqrt{5}}{5}.$$

(2) **解法 1** 因为直线 $3x = 2$ 平行于 y 轴, 所以 $d = \left| \frac{2}{3} - (-1) \right| = \frac{5}{3}$.

> 用点到直线的距离公式前, 应先检查直线方程是否为一般式方程.

解法 2 将直线方程 $3x = 2$ 化为一般式 $3x - 2 = 0$. 根据点到直线的距离公式, 得

$$d = \frac{|3 \times (-1) + 0 - 2|}{\sqrt{3^2 + 0^2}} = \frac{5}{3}.$$

例 11 $\triangle ABC$ 三个顶点的坐标分别是 $A(2, 1)$, $B(4, 2)$, $C(8, 5)$, 求 BC 边上的高.

分析 求 BC 边上高就是求点 $A(2, 1)$ 到直线 BC 的距离.

解 设点 $A(2, 1)$ 到直线 BC 的距离为 d.

由直线的两点式方程, 得直线 BC 的方程为 $\frac{y - 2}{5 - 2} = \frac{x - 4}{8 - 4}$.

整理, 得 $3x - 4y - 4 = 0$.

> 如果本例中求三角形面积, 如何解答?

所以 $d = \frac{|3 \times 2 - 4 \times 1 - 4|}{\sqrt{3^2 + (-4)^2}} = \frac{2}{5}$.

即 BC 边上的高是 $\frac{2}{5}$.

如果两条直线平行, 如何来求这两条直线间的距离呢? 先看一个例子:

例 12 求两条平行直线 $x + 3y - 1 = 0$ 与 $2x + 6y - 7 = 0$ 之间的距离.

分析 在两条平行直线中的一条直线上取一点,求该点到另一条直线的距离即可.

解 在直线 $x+3y-1=0$ 上取点 $P(1,0)$,那么点 $P(1,0)$ 到直线 $2x+6y-7=0$ 的距离 d 就是两条平行直线之间的距离.

因此,两条平行直线之间的距离为

$$d=\frac{|2\times1+6\times0-7|}{\sqrt{2^2+6^2}}=\frac{5}{\sqrt{40}}=\frac{\sqrt{10}}{4}.$$

从本例的方法可知,求平行直线之间距离的问题可以转化为求点到直线的距离问题来解决.

例 13 已知直线 $l_1:2x-7y-8=0$,$l_2:6x-21y-1=0$,l_1 与 l_2 是否平行? 若平行,求 l_1 与 l_2 的距离.

解 由 $l_1:2x-7y-8=0$,得 $k_1=\frac{2}{7}$,$b_1=-\frac{8}{7}$.

由 $l_2:6x-21y-1=0$,得 $k_2=\frac{2}{7}$,$b_2=-\frac{1}{21}$.

即 $k_1=k_2=\frac{2}{7}$,$b_1\neq b_2$,所以 $l_1 \mathbin{/\mkern-5mu/} l_2$.

取 l_1 与 x 轴的交点 P 的坐标,容易知道点 P 的坐标为 $(4,0)$,点 P 到直线 l_2 的距离为

$$d=\frac{|6\times4-21\times0-1|}{\sqrt{6^2+21^2}}=\frac{23}{3\sqrt{53}}=\frac{23}{159}\sqrt{53}.$$

所以,l_1 与 l_2 的距离为 $\frac{23}{159}\sqrt{53}$.

一般地,已知两条平行直线 $l_1:Ax+By+C_1=0$,$l_2:Ax+By+C_2=0(C_1\neq C_2)$.

设 $P_0(x_0,y_0)$ 是直线 l_2 上任意一点,则 $Ax_0+By_0+C_2=0$,即

$$Ax_0+By_0=-C_2.$$

于是,点 $P_0(x_0,y_0)$ 到直线 $l_1:Ax+By+C_1=0$ 的距离

$$d=\frac{|Ax_0+By_0+C_1|}{\sqrt{A^2+B^2}}=\frac{|C_1-C_2|}{\sqrt{A^2+B^2}}$$

就是平行直线 l_1 和 l_2 之间的距离.

1. 求原点到下列直线的距离.

(1) $2x+3y-13=0$；　　　(2) $3x=20$；

(3) $y=-5$；　　　　　　(4) $x=2y$.

2. 求以 $A(2，1)$，$B(4，2)$，$C(8，-4)$ 为顶点的三角形中，AC 边上的高.

3. 求下列两条平行直线之间的距离.

(1) $5x-12y-8=0$ 与 $5x-12y+5=0$；

(2) $6x-4y+15=0$ 与 $y=\dfrac{3}{2}x$.

4. 若直线 $y=2x-1$ 与直线 $y=2x+b$ 之间的距离为 $\sqrt{5}$，求 b 的值.

习题 11.3

1. 已知点 $P(-2，m)$ 到直线 $3y+5=0$ 的距离为 $\dfrac{8}{3}$，求 m 的值.

2. 若直线 $2x+3y-k=0$ 与直线 $x-ky+12=0$ 的交点在 y 轴上，则 k 的值是（　　）.

A. 6　　　　B. -6　　　C. ±6　　　D. -24

3. 求满足下列条件的直线方程.

(1) 经过点 $C(2，-3)$，且平行于过两点 $M(1,2)$ 和 $N(-1,-5)$ 的直线；

(2) 过两条直线 $2x+y-8=0$ 和 $x-2y+1=0$ 的交点，且平行于直线 $4x-3y-7=0$；

(3) 过两条直线 $x-y+4=0$ 和 $3x+4y-2=0$ 的交点，且垂直于直线 $3x-2y+4=0$.

4. 若点 $P(x，y)$ 在直线 $x+y-4=0$ 上，O 是原点，求 OP 的最小值.

5. 过点 $(3，0)$ 的直线 l_1 的倾斜角的正弦值为 0.8，过点 $(4，0)$

的直线 l_2 与之垂直,求直线 l_2 的方程.

6. 已知点 $A(-1,3)$,$B(3,-2)$,$C(6,-1)$,$D(2,4)$,证明四边形 $ABCD$ 为平行四边形.

***7.** 已知两条直线 $l_1:mx+y+2=0$,$l_2:x+my+m+1=0$,当 m 为何值时,l_1 与 l_2:(1) 相交?(2) 平行?(3) 垂直?

***8.** 已知直线 l 经过点 $(2,-3)$,且原点到直线 l 的距离是 2,求直线 l 的方程.

***9.** 试证明:如果两条直线的斜率乘积等于 -1,那么它们互相垂直.

10. 求两条平行线 $3x-y-1=0$,$6x-2y+3=0$ 间的距离.

11.4 简单线性规划

某剧场上演童话剧,要求每场演出中,观众必须满足下列条件:(1) 儿童不超过 150 名;(2) 观众最多为 300 人;(3) 儿童人数最多是成人的 2 倍. 若成人票价为 100 元,儿童票价打 8 折,当儿童和成人各为多少时,演出收入最多?

设儿童为 x 名,成人为 y 名,由条件(1)(2)(3)可分别得到 3 个不等式:$0 \leqslant x \leqslant 150$,$x+y \leqslant 300$,$0 \leqslant x \leqslant 2y$.

在这 3 个不等式中,后两个不等式都含有两个未知数,且未知数的最高次数为 1,我们称这样的不等式为二元一次不等式.

类似于方程组,我们把这 3 个不等式构成一个不等式组,并记为

$$\begin{cases} 0 \leqslant x \leqslant 150, \\ x+y \leqslant 300, \\ 2y \geqslant x \geqslant 0. \end{cases}$$

像这样的不等式组,叫做二元一次不等式组.

本节我们要研究二元一次不等式以及不等式组所表示的平面区域,并在此基础上学习简单的线性规划问题.

数学家简介

康托洛维奇(1912—1986),原苏联数学家,线性规划的创始人之一. 1938 年他提出了线性规划方法.

11.4.1 二元一次不等式（组）表示平面区域

在平面直角坐标系中，二元一次方程 $Ax+By+C=0$ 表示的是一条直线，那么二元一次不等式 $Ax+By+C>0$ 和 $Ax+By+C<0$ 表示什么图形呢？

我们不妨先研究一个具体的二元一次不等式 $x+y>0$ 表示的图形.

在平面直角坐标系中，$x+y=0$ 表示的是一条直线，直角坐标平面内的所有点被直线 $x+y=0$ 分成 3 类：在直线 $x+y=0$ 上；在直线 $x+y=0$ 的左下方的平面区域内；在直线 $x+y=0$ 的右上方的平面区域内. 对于任意一个点

直线 $x+y=0$ 叫做这两个区域的边界.

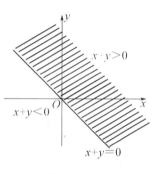

图 11-4-1

(x, y)，把它的坐标代入 $x+y$，得到一个实数，或等于 0，或大于 0，或小于 0. 显然，满足 $x+y>0$ 的点的集合表示的是平面的一部分区域，同样 $x+y<0$ 也是如此（图 11-4-1）.

一般地，在平面直角坐标系中，二元一次不等式 $Ax+By+C>0$（或 <0）表示直线 $Ax+By+C=0$ 某一侧所有点组成的平面区域.

如何画二元一次不等式表示的平面区域呢？

由于对直线同一侧的所有点 (x, y)，把它代入 $Ax+By+C$，所得实数的符号都相同，所以只需在此直线的某一侧取一个特殊点 (x_0, y_0)，从 Ax_0+By_0+C 的正负可以判断出 $Ax+By+C>0$ 表示哪一侧的区域. 一般在 $C\neq 0$ 时，取原点作为特殊点.

$Ax+By+C>0$ 表示的平面区域不包括边界，应把直线画成虚线.

例1 画出下列二元一次不等式所表示的平面区域.

(1) $2x+y-6<0$；(2) $2x-y-3\geqslant 0$.

解 (1) 先画直线 $2x+y-6=0$（画成虚线）.

28

取点$(0,0)$,代入$2x+y-6$,得$2\times0+0-6=-6<0$.

所以点$(0,0)$在$2x+y-6<0$表示的平面区域内.故$2x+y-6<0$表示的平面区域如图$11-4-2$.

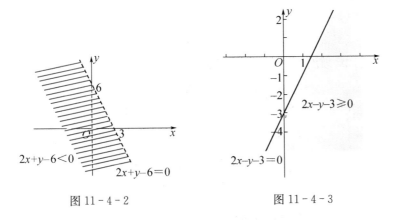

图$11-4-2$　　　　　　　图$11-4-3$

（2）先画直线$2x-y-3=0$（画成实线）.

取点$(0,0)$,代入$2x-y-3$,得$2\times0+0-3=-3<0$.

所以$(0,0)$点不在$2x-y-3\geqslant0$表示的平面区域内.故$2x-y-3\geqslant0$表示的平面区域如图$11-4-3$.

> $Ax+By+C\geqslant0$表示的平面区域包括边界,应把直线画成实线.

例2　画出不等式组$\begin{cases}x-y+5\geqslant0,\\x+y\geqslant0,\\x\leqslant3.\end{cases}$　表示的平面区域.

解　在同一坐标系中,作出直线$x-y+5=0$（实线）,$x+y=0$（实线）,$x=3$（实线）.用例1中的选点方法,分别作出不等式所表示的平面区域,不等式组表示的平面区域是各个不等式所表示的平面点集的交集.即是各个不等式所表示的平面区域的公共部分.故此不等式组表示的平面区域

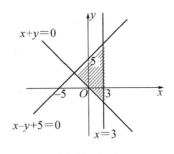

图$11-4-4$

如图 $11-4-4$.

练一练

---

1. 画出下列不等式表示的平面区域.

(1) $x-y+1<0$；　　　　(2) $2x+3y-6>0$；

(3) $2x+5y-10\leqslant 0$；　　　(4) $4x-3y\leqslant 0$.

2. 画出下列不等式组表示的平面区域.

(1) $\begin{cases} y<x, \\ x+2y\leqslant 4, \\ y\geqslant -2; \end{cases}$　　　　(2) $\begin{cases} 2y<x, \\ x<3, \\ y\geqslant 0. \end{cases}$

11.4.2　简单线性规划

设 $Z=2x+y$，式中 x，y 满足不等式组

$\begin{cases} x-4y+3\leqslant 0, \\ 3x+5y\leqslant 25, \\ x\geqslant 1. \end{cases}$ 当 x 与 y 分别取何值时，Z 有最大值和

最小值？

首先画出不等式组 $\begin{cases} x-4y+3\leqslant 0, \\ 3x+5y\leqslant 25, \\ x\geqslant 1 \end{cases}$ 表示的平面区

域(图 $11-4-5$).

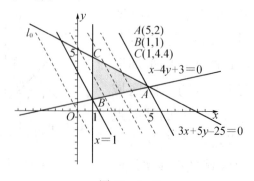

图 $11-4-5$

由图 11 - 4 - 5 可知,点$(0,0)$不在公共区域内,当 $x=0,y=0$ 时,$Z=2x+y=0$,点$(0,0)$在直线 $2x+y=0$ 上.

先作直线 l_0:$2x+y=0$,再作一组与直线 l_0 平行的直线

$$l:2x+y=t,$$

则当 l 在 l_0 的右上方时,$t>0$,而且随着直线 l 向右平移,t 也随之增大.由图 11 - 4 - 5 可知,在经过不等式组所表示的公共区域内,且与直线 l_0 平行的直线中,以经过点 $A(5,2)$ 的直线所对应的 t 最大,以经过点 $B(1,1)$ 的直线所对应的 t 最小.

故 $Z_{max}=2\times5+2=12$,$Z_{min}=2\times1+1=3$.

上述问题即为线性规划问题.

由 x,y 的不等式(或方程)组成的不等式组称为 x,y 的**约束条件**(constraint condition).关于 x,y 的一次不等式组成的不等式组称为 x,y 的**线性约束条件**(linear constraint condition).

$Z=2x+y$ 是欲达到最大值或最小值所涉及的变量 x,y 的解析式,称为**目标函数**(objective function).由于 $Z=2x+y$ 又是 x,y 的一次解析式,所以又叫**线性目标函数**(linear objective function).

求线性目标函数在线性约束条件下的最大值或最小值问题称为**线性规划**(linear program)问题.满足线性约束条件的解 (x,y) 称为可行解.所有可行解组成的集合称为**可行域**(feasible zone).使目标函数取得最大值或最小值的可行解称为**最优解**(optimum relation).

解线性规划问题的步骤:

(1) 画.画出线性约束条件所表示的可行域.

(2) 移.在线性目标函数所表示的一组平行线中,利用平移的方法找出与可行域有公共点且纵截距最大或最小的直线.

（3）求. 通过解方程组求出最优解.

（4）答. 做出答案.

例 3 某公寓酒店有客房 70 间,拟分为两类:精品大床房和精品双床房,精品大床房每天的住宿费为 198 元,精品双床房每天的住宿费为 239 元,精品大床房每天的损耗费为 15 元,精品双床房每天的损耗费为 20 元. 若该酒店每天用于损耗的资金不超过 1200 元,该酒店如何配置这两类客房,才能获得最大收益? 最大收益为多少?

解 设精品大床房为 x 间,精品双床房为 y 间,酒店的收入为 Z 元.

约束条件为
$$\begin{cases} x+y \leqslant 70, \\ 15x+20y \leqslant 1200, \\ x \geqslant 0, \\ y \geqslant 0. \end{cases}$$

目标函数是 $Z=198x+239y$.

画出可行域,如图 11-4-6.

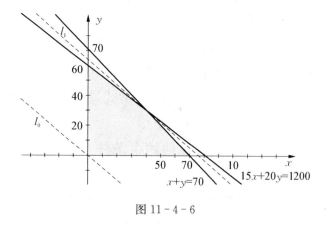

图 11-4-6

作直线 $l_0:198x+239y=0$,把直线 l_0 向右上方平行移动,移至 l_1 位置时,经过可行域上的点 M 时与原点距离最大,此时 $Z=198x+239y$ 取得最大值.

解方程组 $\begin{cases} x+y=70, \\ 15x+20y=1200. \end{cases}$

得 M 的坐标为 $M(40,30)$.

$$Z_{max} = 198 \times 40 + 239 \times 30 = 15090$$

答：当精品大床房为 40 间，精品双床房为 30 间时，该酒店才能获得最大收益，最大收益为 15090.

例 4 幼儿园要将两种大小不同的彩纸折成 A，B 两种玩具，第一种纸每张可以折出 2 个 A 玩具和 1 个 B 玩具，第二种纸每张可以折出 1 个 A 玩具和 3 个 B 玩具，现幼儿园需要 A，B 两种玩具的个数最少分别为 15 和 27 个. 请问：要得到所需的玩具，这两种纸如何配置，才能使用纸量最少？

解 设需要第一种纸 x 张，第二种纸 y 张，用纸量为 Z.

约束条件为
$$\begin{cases} 2x+y \geqslant 15, \\ x+3y \geqslant 27, \\ x \geqslant 0, \\ y \geqslant 0. \end{cases}$$

目标函数为 $Z = x + y$.

画出可行域，如图 11 - 4 - 7，

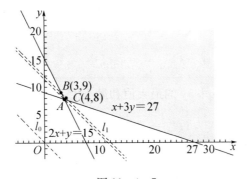

图 11 - 4 - 7

先作直线 $l_0 : x + y = 0$，再作一组与直线 l_0 平行的直线 $l : x + y = t$，t 是参数. 则当 l 在 l_0 的右上方时，$t > 0$，而且，随着直线 l 往右方平移时，t 也随之增大. 由图 11 - 4 - 6 可以看出，当直线 $x + y = t$ 经过可行域上的点 A 时，t 最小，即 Z 最小.

解方程组 $\begin{cases} 2x+y = 15, \\ x+3y = 27 \end{cases}$ 得 A 的坐标为 $\left(\dfrac{18}{5}, \dfrac{39}{5} \right)$.

但在此问题中,纸张数应为整数,因此 A 点的解不符合题意,将 l 继续向右上方平移至 l_1,此时直线 $l_1:x+y=12$ 经过可行域内的整点(横坐标和纵坐标都是整数点)且与原点距离最近,经过的整点是 $B(3,9)$ 和 $C(4,8)$,它们是最优解.

答:要使用纸量最少有两种方法,第一种方法是第一种纸用 3 张,第二种纸用 9 张;第二种方法是第一种纸用 4 张,第二种纸用 8 张.

通过以上讨论,我们可得出如下两个结论:

1. 线性目标函数的最大(小)值一般在可行域的顶点处取得,也可能在边界处取得. 当实际问题要求结果为整数解、而顶点和边界处不是整数时,还需要继续平移直线,直至找出经过可行域内存在整数点、且与原点距离最近(远)的直线.

2. 求线性目标函数的最优解,要注意分析线性目标函数所表示的几何意义——在 y 轴上的截距或其相反数.

1. 求 $Z=3x+5y$ 的最大值和最小值,使式中的 x,y 满足约束条件

$$\begin{cases} 5x+3y \leqslant 15, \\ y \leqslant x+1, \\ x-5y \leqslant 3. \end{cases}$$

2. 某厂拟生产甲、乙两种适销产品,每件销售收入分别为 3 千元和 2 千元. 甲、乙产品都需要在 A,B 两种设备上加工,在每台设备 A,B 上加工 1 件甲产品所需工时分别为 1 h,2 h,加工 1 件乙产品所需工时分别为 2 h,1 h,A,B 两种设备每月有效使用工时分别为 400 h 和 500 h. 问:如何安排生产可使收入最大?

习题 11.4

1. 画出下列不等式或不等式组表示的平面区域.

(1) $y \leqslant 2 - x$;

(2) $3x - 2y + 1 \geqslant 0$;

(3) $\begin{cases} y \geqslant 2x + 1, \\ x + 2y < 4; \end{cases}$

(4) $\begin{cases} 3x + 4y \leqslant 24, \\ -3x + y \leqslant 6, \\ 0 \leqslant x \leqslant 6. \end{cases}$

2. 求 $Z = 7x + 25y$ 的最小值,使式中的 x,y 满足约束条件

$$\begin{cases} 2x + 3y \geqslant 15, \\ x + 5y \geqslant 10, \\ x \geqslant 0, \\ y \geqslant 0. \end{cases}$$

3. 某花店有玫瑰和康乃馨两种花,玫瑰花每枝进价 0.8 元,利润为 1.2 元;康乃馨每枝进价 0.3 元,利润 0.7 元,每枝花需包装费 0.1 元,店主每天最多花 15 元的包装费. 为了保证花店的销售,花店每天最多用 100 元买这两种花. 问:这两种花如何配置,才能使花店利润总额达到最大? 最大利润为多少?

4. 某长途汽车公司在从甲地至乙地的路线上,开发了两种类型的客车:普通型和豪华型. 普通型客车,车费每人 15 元,每辆车共有 40 个座位;豪华型客车,车费每人 25 元,每辆车共有 20 个座位. 每天公司可供调配的车不超过 8 辆,每天乘车人数不超过 200 人,如何安排,才能使公司收益最大? 最大收益为多少?

5. 电视台应某企业之约播放两套连续剧,其中,连续剧甲每次播放时间为 80 min,广告时间为 1 min,收视观众为 60 万;连续剧乙每次播放时间为 40 min,广告时间为 1 min,收视观众为 20 万. 该企业与电视台达成协议,要求电视台每周至少播放 6 min 广告,而电视台每周只能为该企业提供不多于 320 min 的节目时间. 电视台每周应播放两套连续剧各多少次,才能获得最高的收视率?

6. 实习作业:

通过查阅图书资料,或通过 Internet 网,了解线性规划的应用实例;到附近的工厂、企业、商店、学校等做调查研究,了解线性规划在实际中的应用;或提出能用线性规划的知识提高生产效率的实际问题,并做出解答. 把实习和研究活动的成果写成实习报告或小论文,并互相交流.

（一）用 Excel 解决线性规划问题举例

通过前面的学习,我们已经能利用平面区域来解决线性规划问题了.事实上,许多计算机软件都提供了解线性规划问题简单而有效的工具.下面我们就以 Excel 为例,用它的"规划求解"工具解第 11.4.2 节例 3 的线性规划问题.具体操作步骤如下:

1. 打开 Excel 菜单栏中"工具"选项的菜单,单击其中的"加载宏"命令,就可以打开"加载宏"的窗口,选中其中的"规划求解",单击"确定"按钮.

2. 在工作表中输入例 3 中的数据和限制条件,并将单元格 B2,C2,D3 分别作为变量 x,y 的解和最值 Z 的输出区域,如图 11-4-8 所示.

	A	B	C	D	E
1		x	y	计算值	条件限制
2	变元				
3	目标条件	120	140		
4	条件1	1	1		200
5	条件2	15	20		3700
6					

图 11-4-8

3. 在单元格 D3 中输入公式"$=\$B\$2*B3+\$C\$2*C3$"（该公式即为目标函数）,回车或在编辑栏内选中"√",此时 D3 单元格为 0（图 11-4-9）.选中单元格 D3,拖曳 D3 格的填充柄至 D5,此时 D4,D5 单元格均显示为 0,但在选中 D4 单元格时,你会发现上面公式显示为"$=\$B\$2*B4+\$C\$2*C4$",对 D5 同样也有对应的公式.

图 11-4-9

4. 选中单元格 D3，打开"工具"菜单，单击"规划求解"命令，弹出规划求解对话框，如图 11-4-10 所示，在"等于"栏中选择"最大值"，在"可变单元格"框中输入"＄B＄2：＄C＄2".

图 11-4-10

5. 单击"约束"中的"添加"按钮，打开"添加约束"对话框，在"单元格引用位置"框中输入"＄D＄4"，在下拉式比较符列表中选择"＜＝"，在"约束值〔C〕:"框中输入"＄E＄4"（表示约束条件 $x+y \leqslant 200$ ）（图 11-4-11）.单击"添加"按钮，类似地完成其他约束条件的输入，即"＄D＄5＜＝＄E＄5".

图 11-4-11

最后输入变元非负条件“$B$2:$C$2 >= 0”（图 11-4-12）.

添加约束
单元格引用位置
约束值(C):
$B$2:$C$2
>=
0
确定
取消
添加(A)
帮助(H)

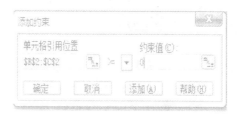

图 11-4-12

6. 单击“确定”按钮后，结果如图 11-4-13 所示.

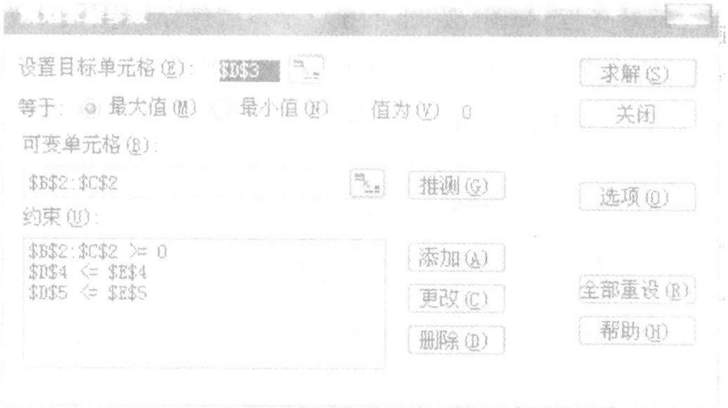
设置目标单元格(E):
$D$3
求解(S)
等于: 最大值(M) 最小值(N) 值为(V) 0
关闭
可变单元格(B):
$B$2:$C$2
推测(G)
选项(O)
约束(U):
$B$2:$C$2 >= 0
$D$4 <= $E$4
$D$5 <= $E$5
添加(A)
更改(C)
全部重设(R)
删除(D)
帮助(H)

图 11-4-13

7. 点击“求解”按钮完成求解（图 11-4-14）.

	A	B	C	D	E
1		x	y	计算值	条件限制
2	变元	60	140		
3	目标函数	120	140	26800	
4	条件1	1	1	200	200
5	条件2	15	20	3700	3700
6					

图 11-4-14

即当 $x=60, y=140$ 时，$Z_{\max}=26800$.

上面我们只举了一个简单的线性规划例子，使用 Excel 还可以解决多变量的线性规划问题，有兴趣的同学可以参考 Excel 中的“规划求解”帮助菜单.

11.5　圆的方程

我们已经知道,圆是平面内到定点的距离等于定长的点的集合(或轨迹),这里,定点叫做圆心,定长叫做圆的半径.

类似于通过直线的方程来研究直线,我们能否也通过圆的方程来研究圆呢? 那么如何建立圆的方程呢?

要求圆的方程,需要建立适当的直角坐标系,并求出圆上任意一点 $P(x, y)$ 所满足的关系式.

11.5.1　圆的标准方程

一般地,设点 $P(x, y)$ 是以 $C(a, b)$ 为圆心,r 为半径的圆上任意一点(图 $11-5-1$),则点 P 到圆心的距离等于 r,由两点间距离公式,得

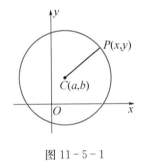

图 $11-5-1$

$$\sqrt{(x-a)^2+(y-b)^2}=r,$$

即

$$(x-a)^2+(y-b)^2=r^2. \quad (1)$$

反过来,若点 P_1 的坐标 (x_1, y_1) 是方程(1)的解,则

$$(x_1-a)^2+(y_1-b)^2=r^2,$$

即有

$$\sqrt{(x_1-a)^2+(y_1-b)^2}=r.$$

这表明点 $P_1(x_1, y_1)$ 与点 $C(a, b)$ 的距离 $|CP_1|=r$,即点 $P_1(x_1, y_1)$ 在以 $C(a, b)$ 为圆心、r 为半径的圆上.

方程　　$(x-a)^2+(y-b)^2=r^2(r>0)$

叫做以 (a, b) 为圆心、r 为半径的**圆的标准方程**(standard equation of a circle).

特别地,当圆心为原点 $O(0,0)$ 时,圆的方程为

$$x^2 + y^2 = r^2.$$

例 **1** 如图 $11-5-2$,在下列 6 个圆中:

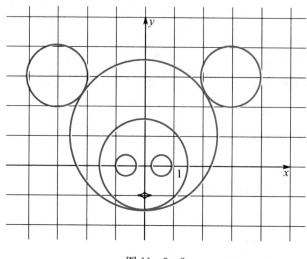

图 $11-5-2$

(1) 找出方程 $(x-3)^2+(y-3)^2=1$ 和 $\left(x+\dfrac{7}{10}\right)^2+$ $y^2=\dfrac{9}{100}$ 所对应的图形(口答);

(2) 指出其余各圆的圆心坐标和圆的半径,并求其标准方程.

解 (1) 略

(2) 其余各圆的圆心坐标、圆的半径、标准方程如下:

$C(-3,3)$, $r=1$, $(x+3)^2+(y-3)^2=1$;

$C(0,1)$, $r=2.5$, $x^2+(y-1)^2=6.25$;

$C(0,0)$, $r=1.5$, $x^2+y^2=2.25$;

$C\left(\dfrac{7}{10}, 0\right)$, $r=\dfrac{3}{10}$, $\left(x-\dfrac{7}{10}\right)^2+y^2=\dfrac{9}{100}$.

例 **2** 求圆心为 $C(2,-3)$,且经过原点的圆的标准方程.

解 因为圆 C 经过坐标原点,所以圆 C 的半径是

$$r=|CO|=\sqrt{2^2+(-3)^2}=\sqrt{13}.$$

因此,所求圆的标准方程是 $(x-2)^2+(y+3)^2=13$.

例 3 已知点 $M(0,-2)$,$N(4,2)$,求以线段 MN 为直径的圆的标准方程.

解 设圆心为 $C(a,b)$,因为该圆以线段 MN 为直径.

根据线段的中点公式,得 $\begin{cases} a=\dfrac{0+4}{2}=2, \\ b=\dfrac{-2+2}{2}=0, \end{cases}$ 即圆心为 $C(2,0)$.

> 线段的中点公式已在第九章向量的坐标运算中呈现.

由两点间的距离公式,得圆的半径的平方是

$$r^2=|CM|^2=(0-2)^2+(-2-0)^2=8.$$

因此,所求圆的标准方程是 $(x-2)^2+y^2=8$.

---

1. 写出下列各圆的标准方程,并画图.

(1) 圆心在原点,半径是 10;

(2) 圆心是点 $(1,-2)$,半径是 6;

(3) 圆心是 $(-3,0)$,直径是 2.

2. 写出下列各圆的圆心坐标和圆的半径,并画图.

(1) $x^2+y^2=9$;　　　　(2) $(x-3)^2+(y-5)^2=49$;

(3) $x^2+(y-12)^2=81$;　(4) $(x+8)^2+y^2=12$.

3. 求适合下列条件的圆的标准方程.

(1) 圆心是 $(3,4)$,并且经过点 $(1,-1)$;

(2) 圆心在原点,并且和直线 $4x-3y-15=0$ 相切.

11.5.2 圆的一般方程

将圆的标准方程 $(x-a)^2+(y-b)^2=r^2$ 展开,得

$$x^2+y^2-2ax-2by+a^2+b^2-r^2=0.$$

由此可见,圆的方程具有如下形式:

$$x^2 + y^2 + Dx + Ey + F = 0, \qquad (1)$$

其中 D，E，F 为常数.

那么，形如(1)的方程是否都表示圆呢？

将方程 $x^2 + y^2 + Dx + Ey + F = 0$ 配方，

得 $$\left(x + \frac{D}{2}\right)^2 + \left(y + \frac{E}{2}\right)^2 = \frac{1}{4}(D^2 + E^2 - 4F). \qquad (2)$$

与圆的标准方程比较，可知：

① 当 $D^2 + E^2 - 4F > 0$ 时，方程(2)即方程(1)表示以 $\left(-\dfrac{D}{2}, -\dfrac{E}{2}\right)$ 为圆心，$\dfrac{1}{2}\sqrt{D^2 + E^2 - 4F}$ 为半径的圆；

② 当 $D^2 + E^2 - 4F = 0$ 时，方程(1)只有一个解，表示一个点 $\left(-\dfrac{D}{2}, -\dfrac{E}{2}\right)$；

圆的一般方程中，x^2，y^2 项的系数均为 1.

③ 当 $D^2 + E^2 - 4F < 0$ 时，方程(1)无实数解，不表示任何图形.

方程

$$x^2 + y^2 + Dx + Ey + F = 0 \, (D^2 + E^2 - 4F > 0)$$

叫做**圆的一般方程**(normal equation of a circle).

例 4 下列方程是圆的方程吗？若是，指出圆心坐标和半径.

(1) $x^2 + y^2 - 2x + 4y - 11 = 0$.

(2) $x^2 + y^2 - 2ax - b^2 = 0 \, (a, b \neq 0)$.

解 (1) 因为 $D = -2$，$E = 4$，$F = -11$，

所以 $D^2 + E^2 - 4F = 4 + 16 + 44 = 64 > 0$.

因此，该方程表示圆，圆心坐标为 $(1, -2)$，半径为 4.

(2) 因为 $D = -2a$，$E = 0$，$F = -b^2$，且 $a, b \neq 0$，

所以 $D^2 + E^2 - 4F = 4a^2 + 4b^2 > 0$.

因此，此方程表示圆，圆心坐标为 $(a, 0)$，半径为 $\sqrt{a^2 + b^2}$.

例5 已知△ABC的顶点坐标为$A(4，3)$，$B(5，2)$，$C(1，0)$，求△ABC的外接圆的方程.

解 设所求圆的方程为$x^2+y^2+Dx+Ey+F=0$.

因为点A，B，C在所求的圆上，故有

$$\begin{cases} 4D+3E+F+25=0, \\ 5D+2E+F+29=0, \\ D+F+1=0. \end{cases} 解得：\begin{cases} D=-6, \\ E=-2, \\ F=5. \end{cases}$$

能否利用圆的标准方程求解？

所以，所求圆的方程是$x^2+y^2-6x-2y+5=0$.

1. 把下列圆的标准方程化为一般方程.

(1) $(x+1)^2+(y-2)^2=1$；

(2) $(x-3)^2+(y+5)^2=16$；

(3) $x^2+(y+4)^2=7$.

2. 求下列圆的圆心坐标和半径，并把圆的一般方程化为标准方程.

(1) $x^2+y^2+4x-10y+20=0$；

(2) $4x^2+4y^2-4x-16y-3=0$.

3. 求过点$A(-1，0)$，$B(1，-2)$，$C(2，-2)$的圆的方程.

11.5.3 直线与圆的位置关系

我们知道，圆心到直线的距离d与圆的半径r之间的大小关系决定了直线与圆的位置关系，而d与r的大小又可以通过计算得到.

另一方面，在平面直角坐标系中，能否根据方程来判断直线与圆的位置关系呢？

设直线l和圆C的方程分别为：

$$Ax+By+C=0, \quad x^2+y^2+Dx+Ey+F=0.$$

　　如果直线 l 和圆 C 有公共点,由于公共点同时在 l 和 C 上,所以公共点的坐标一定是这两个方程的公共解;反之,如果这两个方程有公共解,那么以公共解为坐标的点必是 l 与 C 的公共点.

　　由 l 与 C 的方程联立方程组

$$\begin{cases} Ax + By + C = 0, \\ x^2 + y^2 + Dx + Ey + F = 0. \end{cases}$$

　　我们有如下结论:

相交	相切	相离
$d < r$	$d = r$	$d > r$
方程组有两组不同的解	方程组仅有一组解	方程组无解

　　可见,我们可以从两个方面(两种方法)判断直线与圆的位置关系.

　　例 6　判断直线 $3x - 4y + 5 = 0$ 与圆 $x^2 + y^2 = 5$ 的位置关系.

　　解法 1　因为 $r = \sqrt{5}$,圆心 $(0,0)$ 到直线 $3x - 4y + 5 = 0$ 的距离为

$$d = \frac{|3 \times 0 - 4 \times 0 + 5|}{\sqrt{3^2 + (-4)^2}} = 1 < \sqrt{5},$$

即
$$d < r.$$

　　所以,直线 $3x - 4y + 5 = 0$ 与圆 $x^2 + y^2 = 5$ 相交.

　　解法 2　解方程组 $\begin{cases} 3x - 4y + 5 = 0, \\ x^2 + y^2 = 5, \end{cases}$

解之得　　　　$\begin{cases} x = 1, \\ y = 2, \end{cases}$ 或 $\begin{cases} x = -\dfrac{11}{5}, \\ y = -\dfrac{2}{5}. \end{cases}$

所以,直线 $3x-4y+5=0$ 与圆 $x^2+y^2=5$ 有两个交点 $(1,2)$, $\left(-\dfrac{11}{5},-\dfrac{2}{5}\right)$,即直线与圆相交.

例7　自点 $A(-1,4)$ 作圆 $(x-2)^2+(y-3)^2=1$ 的切线 l,求切线 l 的方程.

解　由已知条件可知,切线 l 不垂直于 x 轴,可设切线 l 的方程为

$$y-4=k(x+1),$$

即

$$kx-y+k+4=0.$$

如图 $11-5-3$ 所示,圆心 $(2,3)$ 到切线 l 的距离等于圆的半径,所以

$$\frac{|2k-3+(k+4)|}{\sqrt{k^2+1}}=1.$$

解得 $k=0$ 或 $k=-\dfrac{3}{4}$.

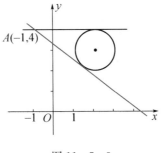

图 $11-5-3$

因此,切线 l 的方程是 $y=4$ 或 $3x+4y-13=0$.

---

1. 判断下列直线 l 与圆 C 的位置关系.

(1) l: $x+y-1=0$, C: $x^2+y^2=4$;

(2) l: $4x-3y-8=0$, C: $x^2+(y+1)^2=1$;

(3) l: $x+y-4=0$, C: $x^2+y^2+2x=0$.

2. (1) 求过圆 $x^2+y^2=4$ 上一点 $(1,\sqrt{3})$ 的圆的切线方程;

(2) 求过原点且与圆 $(x-1)^2+(y-1)^2=1$ 相切的直线方程.

---

*11.5.4 圆与圆的位置关系

我们知道,两个圆的位置关系有:外离、外切、相交、内切、内含.

这些位置关系可以通过下面的步骤来判断:

(1) 计算两圆的半径 r_1,r_2;

(2) 计算两圆的圆心距 d;

(3) 根据 d 与 r_1,r_2 之间的关系,判断两圆的位置关系.

对应于两圆的每一种位置关系,由两圆的方程联立而成的方程组有无解? 有几组解?

具体情况如下:

外离	外切	相交	内切	内含
$d>r_1+r_2$	$d=r_1+r_2$	$\|r_1-r_2\|<d$ $<r_1+r_2$	$d=\|r_1-r_2\|$	$d<\|r_1-r_2\|$

例 8 判断下列两圆的位置关系.

(1) $(x+1)^2+(y+2)^2=1$ 和 $(x-3)^2+(y+5)^2=9$;

(2) $x^2+y^2-2x-20y+76=0$ 和 $x^2+y^2-12x+4y-41=0$.

解 (1) 根据两圆的方程,得两圆的半径分别为 $r_1=1$ 和 $r_2=3$,两圆的圆心距

$$d=\sqrt{(-1-3)^2+(-2+5)^2}=5.$$

因为

$$d>r_1+r_2,$$

所以两圆外离.

(2) 把两圆的方程化为标准方程,得

$$(x-1)^2+(y-10)^2=25,$$
$$(x-6)^2+(y+2)^2=81.$$

两圆的半径分别为 $r_1 = 5$ 和 $r_2 = 9$，两圆的圆心距

$$d = \sqrt{(1-6)^2 + (10+2)^2} = 13.$$

因为

$$| r_1 - r_2 | < d < r_1 + r_2,$$

所以两圆相交.

例 9　已知圆 $x^2 + (y-3)^2 = 4$ 和 圆 $(x-a)^2 + y^2 = 9$ 外切，求 a 的值.

解　根据两圆的方程，得两圆的半径分别为 $r_1 = 2$，$r_2 = 3$.

两圆的圆心距

$$d = \sqrt{(0-a)^2 + (3-0)^2} = \sqrt{a^2 + 9}.$$

因为两圆外切，所以

$$\sqrt{a^2 + 9} = 2 + 3 = 5.$$

解得

$$a = \pm 4.$$

例 10　已知圆心为 $C(4，3)$ 的圆与圆 $x^2 + y^2 = 1$ 相切，求该圆的标准方程.

解　因为圆 $x^2 + y^2 = 1$ 的圆心为 $(0，0)$，所求圆的圆心为 $(4，3)$，两圆的圆心距

$$d = \sqrt{(4-0)^2 + (3-0)^2} = 5.$$

设所求圆的半径为 r，而已知圆的半径为 1，则

$$r + 1 = 5 \text{ 或 } | r-1 | = 5.$$

所以 $r = 4$ 或 $r = 6，r = -4$（舍去）.

因此，所求圆的标准方程是

$$(x-4)^2 + (y-3)^2 = 16,$$

或

$$(x-4)^2 + (y-3)^2 = 36.$$

练一练

1. 判断下列两圆的位置关系.

(1) $(x-5)^2+(y+6)^2=16$ 和 $(x-2)^2+(y+10)^2=81$;

(2) $x^2+y^2-2y-3=0$ 和 $x^2+y^2-4x-12=0$.

2. 已知两圆 $x^2+y^2=1$ 和 $(x-a)^2+y^2=36$ 相切,求 a 的值.

3. 已知圆心坐标为 $C(5,12)$ 的圆与圆 $x^2+y^2=9$ 相切,求该圆的标准方程.

习题 11.5

1. 下列方程各表示什么图形? 若表示圆,求其圆心坐标和半径.

(1) $x^2+y^2-4x=0$;

(2) $x^2+y^2-4x-2y+5=0$.

2. 求满足下列条件的圆的方程.

(1) 经过点 $(6,3)$,圆心为 $(2,-2)$;

(2) 圆心在原点,并且和直线 $3x+4y-10=0$ 相切;

(3) 经过点 $(3,5)$ 和 $(-3,7)$,且圆心在 x 轴上;

(4) 经过三点 $(-1,-2)$,$(0,-3)$,$(3,0)$;

(5) 已知点 $A(-4,-5)$,$C(6,-1)$ 是圆内接正方形相对两顶点的坐标;

(6) 圆心在直线 $2x-3y+5=0$ 上,且与两坐标轴均相切.

3. 判断下列两圆的位置关系.

(1) $x^2+y^2+6x-6y-9=0$ 和 $x^2+y^2+10x+2y-38=0$;

(2) $x^2+y^2+6x-4y+9=0$ 和 $x^2+y^2-16x+12y-21=0$.

4. 若圆 $x^2+y^2+4x+2by+b^2=0$ 与 x 轴相切,求 b 的值.

5. 求直线 $x+2y+3=0$ 被圆 $(x-2)^2+(y+1)^2=4$ 截得的弦 AB 的长.

*6. 若点 $(1,1)$ 在圆 $(x-a)^2+(y+a)^2=4$ 的内部,求实数 a 的取值范围.

*7. 已知一个半径为 1 的圆与圆 $(x-3)^2+y^2=9$ 相切于原点,求这个圆的标准方程.

（二）平面解析几何的创立

解析几何的创立可以说是数学史上最大的创造之一,它无疑是 17 世纪数学观和方法论出现重大变革的直接结果,它的产生是常量数学向变量数学发展的转折点——在此基础上建立了微积分,数学由此进入了更高层面的发展阶段.

1. 社会生产力的发展推进了解析几何的产生

16 世纪以后,由于生产和科学技术的发展,天文、力学、航海等方面都对数学提出了新的需求.比如,德国天文学家开普勒发现,行星是绕着太阳沿着椭圆轨道运行的,太阳处在这个椭圆的一个焦点上,要求用数学方法确定行星位置;意大利科学家伽利略发现,投掷物体是沿着抛物线运动的.生产力的发展带来数学观和数学方法的重大变革.经过文艺复兴后,欧洲人继承和发展了希腊人的数学观,认为数学是研究自然科学的有力工具.伽利略把数学用于力学,建立了自由落体的力学定律;开普勒把数学用于天文学,建立了行星运动的三大规律.这些新成果的开发和新理论的酝酿,都向数学特别是几何学提出了一系列全新的问题,而传统的几何学缺乏解决这些问题的能力.为了适应生产力发展的需要,数学要能反映这类运动的轨迹及其性质等,就必须从观点到方法来一场变革.笛卡儿的中心思想是建立一种"普遍"的数学,把算术、代数、几何统一起来.他设想,把任何数学问题化为一个代数问题,再把任何代数问题归结到去解一个方程式.后世的数学家和数学史学家们都把笛卡儿的《几何学》作为解析几何的起点.

2. 解析几何的产生是数学发展的大势所趋

16 世纪以后,几何与代数都相当完善了.随着代数方法向几何学的渗透,用代数方法来改造传统的综合几何思想,把代数与几何有机地结合起来,互相取长补短,是十分必要的了.实际上,从公元前 3 世纪到 14 世纪,几何学早就得到了比较充分的发展,几何学在数学中占据了主导地位.《几何原理》建立了完整的演绎体系,阿波罗尼奥斯的《圆锥曲线论》则对各种圆锥曲线的性质作了详细的研究,随着几何学的深入发展,代数学日趋成熟起来,特别是 16 世纪末韦达在代数中系统地使用字母,从而促使这门学科有了它的科学性和普及性.于是,从代数中寻求解决几何问题的一般方法,进行定量研究,便成为数学发展的趋势.恩格斯对此曾经做过评价,"数学中的转折点是笛卡儿的变数,有了变数,运动进入了数学;有了变数,辩证法进入了数学;有了变数,微分和积分也就立刻成为必要的……"

本章小结

本章中,我们通过平面直角坐标系,把点与坐标、直线与方程、圆与方程联系起来,数形结合,用代数的方法研究直线和圆.

一、本章知识结构

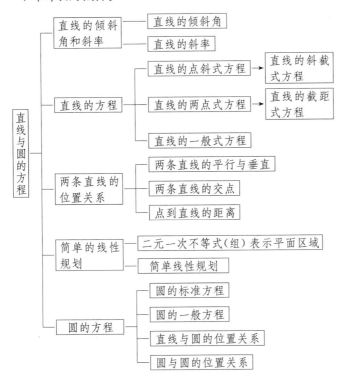

二、回顾与思考

1. 回顾本章是如何用代数方法研究直线的.首先探求确定直线位置的几何要素和它们在平面直角坐标系中的表示,建立直线的方程;然后通过方程,用代数方法研究有关的几何问题:判定两条直线的位置关系、求两条直线的交点坐标、计算点到直线的距离等.体会用代数方法研究直线问题的基本思路是在平面直角坐标系中建立直线的方程,通过方程,用代数方法解决几何问题.

2. 写出直线的点斜式、斜截式、两点式、截距式方程和一般式方程,并指出这些方程系数的几何意义.

3. 你能说出二元一次方程与二元一次不等式(组)所表示的几何对象的关系吗?

4. 解析几何中的数学思想方法是通过坐标系将几何问题转化为代数问题;反过来,某些代数问题放在适当的坐标系中也具有某种几何意义,这是解析几何的两个方面,你能举例说明吗?

5. 你能总结出解决线性规划问题的一般步骤吗?

复习参考题

A 组

1. 直线 $y-4=-\sqrt{3}(x+3)$ 的倾斜角和所过的定点坐标分别是( ).

A. $-60°,(-3,4)$ 　　　B. $120°,(-3,4)$

C. $150°,(-3,4)$ 　　　D. $120°,(3,-4)$

2. 若直线 $ax+2y-1=0$ 与直线 $2x+y-1=0$ 垂直,则 a 的值是( ).

A. 1 　　　B. -1 　　　C. 4 　　　D. -4

3. 点 $(0,-1)$ 到直线 $3x-4y+6=0$ 的距离是( ).

A. $\dfrac{2}{5}$ 　　　B. $\dfrac{3}{5}$ 　　　C. $\dfrac{9}{5}$ 　　　D. 2

4. 若直线 $ax+by=1$ 与圆 $x^2+y^2=1$ 相交,则点 $P(a,b)$ 与圆的位置关系( ).

A. 在圆上 　B. 在圆外 　C. 在圆内 　D. 不能确定

5. 如果直线 $mx+2y-2=0$ 的斜率为 -2,则 m 的值是_____.

6. 若 x 轴上的点 P 与点 $(-1,3)$ 的距离为 5,则点 P 的坐标为_____.

7. 已知直线 l_1 的倾斜角为 $90°$,若 $l_1 \perp l_2$,则直线 l_2 的斜率是_____;若 $l_1 \parallel l_2$,则直线 l_2 的斜率是_____.

8. 过两条直线 $x-2y+3=0$ 与 $x+2y-9=0$ 的交点和原点的直线方程是_____.

9. 求满足下列条件的圆的方程.

(1) 圆心在原点,半径为 6;

(2) 经过三点 $A(4,1)$,$B(-6,3)$,$C(3,0)$;

(3) 过两点 $(-1,3)$ 和 $(6,-4)$,并且圆心在直线 $x+2y-3=0$ 上;

(4) 以点 $C(-1,-5)$ 为圆心,并且和 y 轴相切.

10. 直线 l 到两条平行直线 $2x-y+2=0$ 和 $2x-y+4=0$

的距离相等,求直线 l 的方程.

11. 直线 l 在 y 轴上的截距为 10,且原点到直线 l 的距离是 8,求直线 l 的方程.

12. 点 P 在直线 $3x+y-5=0$ 上,且点 P 到直线 $x-y-1=0$ 的距离为 $\sqrt{2}$,求点 P 的坐标.

13. 已知点 $A(7,8)$,$B(10,4)$,$C(2,-4)$,求 $\triangle ABC$ 的面积.

14. 在直线 $x+2y=0$ 上求一点 P,使它到原点的距离与到直线 $x+2y-3=0$ 的距离相等.

B 组

15. 过点 $P(3,0)$ 作直线 l,使它被两条相交直线 $2x-y-2=0$ 和 $x+y+3=0$ 所截得的线段恰好被 P 点平分,求直线 l 的方程.

16. (1) 已知直线 l:$Ax+By+C=0(A,B$ 不全为 0),若直线 $l /\!/ l_1$,证明直线 l_1 的方程总可以写成

$$Ax+By+C_1=0(C_1 \neq C).$$

(2) 已知直线 l:$Ax+By+C=0$,若直线 $l_2 \perp l$,证明直线 l_2 的方程总可以写成 $Bx-Ay+C_2=0$.

17. 直线 l_1 和 l_2 的方程分别是 $A_1x+B_1y+C_1=0$ 和 $A_2x+B_2y+C_2=0$,其中 A_1,B_1 不全为 0,A_2,B_2 也不全为 0.试求:

(1) 当 $l_1 /\!/ l_2$ 时,直线方程中的系数应满足什么关系?

(2) 当 $l_1 \perp l_2$ 时,直线方程中的系数应满足什么关系?

18. 分别画出方程 $y=\sqrt{4-(x-2)^2}$,$x-1=\sqrt{1-y^2}$ 表示的曲线.

19. 某服装厂准备生产两款大衣,一种是短款大衣,另一种是长款大衣,短款大衣需用主面料 1.5 m,辅料 0.5 m,长款大衣需用主面料 2 m,辅料 0.6 m,现服装厂有主面料 280 m,辅料 90 m,每售出一件短款大衣可获利 310 元,售出一件长款大衣可获利 400 元,怎样安排生产,服装厂获利最多?

第十二章

圆锥曲线与方程

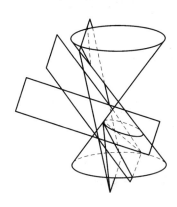

用一个不垂直于圆锥的轴的平面去截圆锥面,当截面与圆锥的轴的夹角不同时,可以得到几种不同的截口曲线:椭圆、双曲线、抛物线,它们统称为圆锥曲线.

圆锥曲线与科研、生产以及人类生活有着密切的关系.

早在 16、17 世纪,德国著名天文学家开普勒就发现行星绕太阳运行的轨道是一个椭圆.彗星的运行轨道有些是椭圆,也有一些是抛物线,还有些是双曲线.

在第十一章中,我们成功地运用坐标法研究了直线和圆的方程,以及直线和圆的几何性质.那么本章中,

● 怎样建立圆锥曲线的方程?

● 怎样通过方程来研究圆锥曲线的性质?

12.1 椭 圆

椭圆是一种常见的曲线,如汽车油罐横截面的轮廓,天体中一些行星和卫星运行的轨道.数学中,椭圆上的点满足怎样的几何条件呢?

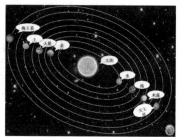

12.1.1 椭圆及其标准方程

如图 12-1-1,取一条一定长的细绳,把它的两端固定在画图板上的 F_1 和 F_2 两点上,当绳长大于 F_1 和 F_2 间的距离时,用铅笔尖把绳子拉紧,使笔尖在图板上慢慢移动,这样铅笔就描出一条曲线,这条曲线就是椭圆.

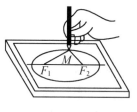

图 12-1-1

定义中为什么要强调常数大于 $|F_1F_2|$,当常数等于 $|F_1F_2|$ 或小于 $|F_1F_2|$ 时,点的轨迹又会怎样呢?

观察椭圆的形状,你认为怎样建立坐标系比较合适?

一般地,平面内与两个定点 F_1,F_2 的距离和等于常数(大于 $|F_1F_2|$)的点的轨迹叫做**椭圆**(ellipse).这两个定点叫做椭圆的**焦点**(focus),两焦点间的距离叫做**焦距**(focal distance).

下面我们根据椭圆的几何特征,建立适当的坐标系,求出椭圆的方程.

如图 12-1-2,取过焦点 F_1,F_2 的直线为 x 轴,线段 F_1F_2 的垂直平分线为 y 轴,建立直角坐标系.

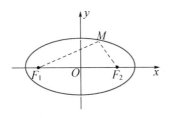

图 12-1-2

设 $M(x,y)$ 是椭圆上任意一点,椭圆的焦距为 $2c(c>0)$,M 与 F_1 和 F_2 的距离的和等于正常数 $2a$,则 F_1,F_2 的坐标分别是 $(-c,0)$,$(c,0)$.

椭圆就是集合

$$P = \left\{ M \middle| \, |MF_1| + |MF_2| = 2a \right\},$$

即

$$\sqrt{(x+c)^2 + y^2} + \sqrt{(x-c)^2 + y^2} = 2a.$$

将这个方程移项,两边平方,得 $(x+c)^2 + y^2 = 4a^2 - 4a\sqrt{(x-c)^2 + y^2} + (x-c)^2 + y^2$.

即

$$a^2 - cx = a\sqrt{(x-c)^2 + y^2}.$$

两边再平方,得

$$a^4 - 2a^2cx + c^2x^2 = a^2x^2 - 2a^2cx + a^2c^2 + a^2y^2.$$

整理,得

$$(a^2 - c^2)x^2 + a^2y^2 = a^2(a^2 - c^2).$$

由椭圆的定义可知,$2a > 2c$,即 $a > c$,所以 $a^2 - c^2 > 0$.

令 $a^2 - c^2 = b^2(b>0)$,得

$$b^2x^2 + a^2y^2 = a^2b^2.$$

两边同除以 a^2b^2,得

选择坐标系时,应注意使已知点的坐标尽可能简单. 这里建立坐标系的方法是常用的方法之一,在后面方程化简的过程中,可以看到它的优越之处.

设为 $2a$,可以为问题的研究带来方便.

令 $a^2 - c^2 = b^2$ 不仅可以使方程变得简单整齐,同时在下一节讨论椭圆的几何性质时,我们会看到它还有明确的几何意义.

$$\frac{x^2}{a^2} + \frac{y^2}{b^2} = 1 (a > b > 0).$$

这样就得到所求的椭圆方程,它的焦点在 x 轴上,坐标是 $F_1(-c,0)$,$F_2(c,0)$.

类似地,在图 12-1-4 所示的直角坐标系中,我们可以得到焦点为 $F_1(0,-c)$,$F_2(0,c)$ 的椭圆方程

$$\frac{y^2}{a^2} + \frac{x^2}{b^2} = 1 (a > b > 0).$$

以上两种方程都称为**椭圆的标准方程**.

例1 求下列椭圆的焦点坐标.

(1) $\dfrac{x^2}{5^2} + \dfrac{y^2}{3^2} = 1$.   (2) $\dfrac{x^2}{4} + \dfrac{y^2}{9} = 1$.

解 (1) 因为 $a=5$,$b=3$,

所以 $c = \sqrt{a^2-b^2} = \sqrt{25-9} = 4$,且焦点在 x 轴上,所以焦点坐标为 $(-4,0)$,$(4,0)$.

(2) 因为 $a=3$,$b=2$,

所以 $c = \sqrt{a^2-b^2} = \sqrt{9-4} = \sqrt{5}$,且焦点在 y 轴上,所以焦点坐标为 $(0,-\sqrt{5})$,$(0,\sqrt{5})$.

例2 求适合下列条件的椭圆的标准方程.

(1) 两个焦点的坐标分别是 $(-3,0)$,$(3,0)$,椭圆上一点 P 到两焦点距离的和等于 10.

(2) 两个焦点的坐标分别是 $(0,-3)$,$(0,3)$,并且椭圆经过点 $(\sqrt{2},2)$.

解 (1) 因为椭圆的焦点在 x 轴上,所以设它的标准方程为

$$\frac{x^2}{a^2} + \frac{y^2}{b^2} = 1 (a > b > 0).$$

又因为 $2a = 10$,$2c = 6$,

即 $a = 5$,$c = 3$.

所以 $b^2 = a^2 - c^2 = 5^2 - 3^2 = 16$.

(1) 图 12-1-3 中有线段 a,b,c,你能把它们找出来吗?

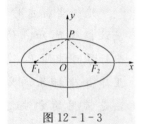

图 12-1-3

(2) 如图 12-1-4,如果焦点 F_1,F_2 在 y 轴上,且 F_1,F_2 的坐标分别为 $(0,-c)$,$(0,c)$,a,b 的意义同上,那么椭圆的方程是什么?怎样推导?

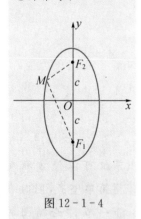

图 12-1-4

所求椭圆的标准方程为

$$\frac{x^2}{25}+\frac{y^2}{16}=1.$$

（2）因为椭圆的焦点在 y 轴上，所以设它的标准方程为 $\frac{y^2}{a^2}+\frac{x^2}{b^2}=1(a>b>0)$.

由椭圆的定义知，

$$2a=\sqrt{(\sqrt{2})^2+(2+3)^2}+\sqrt{(\sqrt{2})^2+(2-3)^2}$$

$$=3\sqrt{3}+\sqrt{3}$$

$$=4\sqrt{3},$$

即　　　$a=2\sqrt{3}.$

又　$c=3,$

所以　$b^2=a^2-c^2=12-9=3.$

所求椭圆的标准方程为

$$\frac{y^2}{12}+\frac{x^2}{3}=1.$$

你能用其他方法解决例 2(2) 吗？

1. 如果椭圆 $\frac{x^2}{25}+\frac{y^2}{9}=1$ 上一点 P 到一个焦点 F_1 的距离等于 3，那么点 P 到另一个焦点 F_2 的距离是_____.

2. 写出适合下列条件的椭圆的标准方程.

（1）$a=3,b=2$，焦点在 x 轴上；

（2）$a=\sqrt{13},c=2\sqrt{3}$，焦点在 y 轴上；

（3）$a+b=10,c=2\sqrt{5}$；

（4）两个焦点分别是 $F_1(-2,0),F_2(2,0)$，并且过点 $P\left(\frac{5}{2},-\frac{3}{2}\right).$

12.1.2 椭圆的几何性质

在建立了椭圆的标准方程之后,我们根据椭圆的标准方程

$$\frac{x^2}{a^2} + \frac{y^2}{b^2} = 1(a > b > 0)$$

来研究它的几何性质.

同学们可以根据研究椭圆 $\frac{x^2}{a^2} + \frac{y^2}{b^2} = 1(a > b > 0)$ 性质的方法,研究椭圆 $\frac{y^2}{a^2} + \frac{x^2}{b^2} = 1(a > b > 0)$ 的性质.

1. 范围

由标准方程可知,椭圆上点的坐标 (x, y) 都适合不等式

$$\frac{x^2}{a^2} \leqslant 1, \frac{y^2}{b^2} \leqslant 1,$$

即 $x^2 \leqslant a^2, y^2 \leqslant b^2.$

所以 $|x| \leqslant a, |y| \leqslant b.$

这说明椭圆位于直线 $x = \pm a$ 和 $y = \pm b$ 所围成的矩形里(图 12-1-5).

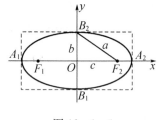

图 12-1-5

2. 对称性

在方程 $\frac{x^2}{a^2} + \frac{y^2}{b^2} = 1$ 中,把 x 换成 $-x$,方程不变,这说明当点 $P(x, y)$ 在椭圆上,点 P 关于 y 轴的对称点 $P'(-x, y)$ 也在椭圆上,所以椭圆关于 y 轴对称.同理,如果把 y 换成 $-y$,方程不变,那么椭圆关于 x 轴对称.或同时把 x, y 换成 $-x, -y$,方程也不变,那么椭圆关于原点也是对称的.因此,坐标轴是椭圆的对称轴,原点是椭圆的对称中心.椭圆的对称中心叫**椭圆的中心**(center of an ellipse).

3. 顶点

在方程$\dfrac{x^2}{a^2}+\dfrac{y^2}{b^2}=1$中,令$x=0$,得$y=\pm b$,这说明$B_1$ $(0,-b)$,$B_2(0,b)$是椭圆与y轴的两个交点.同理,令$y=0$,得$x=\pm a$,$A_1(-a,0)$,$A_2(a,0)$是椭圆与x轴的两个交点.因为x轴、y轴是椭圆的对称轴,所以椭圆和它的对称轴有4个交点,这4个交点叫做**椭圆的顶点**(vertex of an ellipse).

线段A_1A_2,B_1B_2分别叫做椭圆的**长轴**(major axis)和**短轴**(minor axis).它们的长分别等于$2a$和$2b$,a和b分别叫做椭圆的**长半轴长**和**短半轴长**.

4. 离心率

如图$12-1-7$,椭圆$\dfrac{x^2}{a^2}+\dfrac{y^2}{b^2}=1(a>b>0)$的长半轴长为$a$,半焦距为$c$.保持长半轴长$a$不变,改变椭圆的半焦距$c$,可以发现,$c$越接近$a$,椭圆越扁平.这样,利用$c$和$a$这两个量的比值,可以刻画椭圆的扁平程度.

$c=1.2$
$a=1.81$
$\dfrac{c}{a}=0.66$

$c=1.5$
$a=1.81$
$\dfrac{c}{a}=0.83$

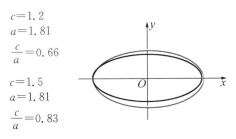

图 $12-1-7$

我们把椭圆的焦距与长轴长的比,叫做椭圆的**离心率**(eccentricity),用e表示,则$e=\dfrac{c}{a}$.

因为$a>c>0$,所以$0<e<1$.e越接近于1,则c越接近于a,从而$b=\sqrt{a^2-c^2}$越小,因此椭圆越扁;反之,e越接近于0,c越接近于0,从而b越接近于a,这时椭圆就接近于圆.

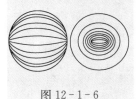

观察不同的椭圆(图$12-1-6$),我们发现,椭圆的扁平程度不一,那么,用什么量可以刻画椭圆的扁平程度呢?

图 $12-1-6$

椭圆的离心率可以形象地理解为在椭圆的长轴长不变的前提下,两个焦点离开中心的程度.

这样规定会给今后研究圆锥曲线的统一性等性质带来方便.

$\dfrac{b}{a}$或$\dfrac{c}{b}$的大小能刻画椭圆的扁平程度吗?为什么?

如果 $a=b$，则 $c=0$，两个焦点重合，这时方程为 $x^2+y^2=a^2$，图形就是圆了.

例3 求下列椭圆的长轴长、短轴长、离心率、顶点坐标，并用描点法画出方程(1)表示的椭圆.

(1) $16x^2+25y^2=400$.

(2) $9x^2+4y^2=36$.

解 (1) 把已知方程化成标准方程

$$\frac{x^2}{5^2}+\frac{y^2}{4^2}=1,$$

其中，$a=5,b=4,c=\sqrt{25-16}=3$.

因此，椭圆的长轴和短轴的长分别是 $2a=10$ 和 $2b=8$，离心率 $e=\dfrac{c}{a}=\dfrac{3}{5}$，椭圆的 4 个顶点是 $A_1(-5,0)$，$A_2(5,0)$，$B_1(0,-4)$，$B_2(0,4)$.

将已知方程变形为 $y=\pm\dfrac{4}{5}\sqrt{25-x^2}$，根据

$$y=\frac{4}{5}\sqrt{25-x^2},$$

在第一象限 $x\leqslant 5$ 的范围内算出几个点的坐标 (x,y)：

x	0	1	2	3	4	5
y	4	3.9	3.7	3.2	2.4	0

先描点画出椭圆在第一象限内的图形，再利用椭圆的对称性画出整个椭圆(图 12-1-8).

根据椭圆的几何性质，用下面方法可以快捷地画出反映椭圆基本形状和大小的草图：以椭圆的长轴、短轴为邻边画矩形；由矩形四边的中点确定椭圆的 4 个顶点；用曲线将 4 个顶点连成一个椭圆. 画图时要注意它们的对称性及顶点附近的平滑性.

有多种电脑画图软件可以方便地作出椭圆，如用 Excel.

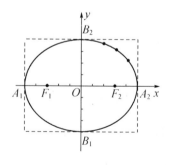

图 12-1-8

（2）把已知方程化成标准方程

$$\frac{y^2}{3^2}+\frac{x^2}{2^2}=1,$$

其中，$a=3,b=2,c=\sqrt{9-4}=\sqrt{5}$.

因此，椭圆的长轴和短轴的长分别是 $2a=6$ 和 $2b=4$，离心率 $e=\dfrac{c}{a}=\dfrac{\sqrt{5}}{3}$，椭圆的 4 个顶点是 $A_1(-2,0)$，$A_2(2,0)$，$B_1(0,-3)$，$B_2(0,3)$.

例 4　求适合下列条件的椭圆的标准方程.

（1）长轴是短轴的 2 倍，经过点 $P(-2,0)$；

（2）长轴的长等于 20，离心率等于 $\dfrac{3}{5}$，焦点在 y 轴上.

解　（1）当焦点在 x 轴上时，因为椭圆经过点 $P(-2,0)$，所以由椭圆的几何性质可知，$P(-2,0)$ 为椭圆的一个顶点，从而得 $a=2$. 又 $a=2b$，所以 $b=1$.

故所求椭圆的标准方程为 $\dfrac{x^2}{4}+y^2=1$.

当焦点在 y 轴上时，同理可得 $b=2$. 又 $a=2b$，所以 $a=4$.

故所求椭圆的标准方程为 $\dfrac{y^2}{16}+\dfrac{x^2}{4}=1$.

（2）由已知可得 $2a=20,e=\dfrac{c}{a}=\dfrac{3}{5}$，

即　$a=10,c=6$.

所以　$b^2=10^2-6^2=64$.

因为椭圆的焦点在 y 轴上，所以所求椭圆的标准方程为

$$\frac{y^2}{100}+\frac{x^2}{64}=1.$$

> 当椭圆的焦点位置不能确定的时候，常用分类讨论的方法来求标准方程.

例 5　我国发射的第一颗人造地球卫星的运行轨道是以地球的中心（简称地心）F_2 为一个焦点的椭圆. 已知它的近地点 A（离地面最近的点）距地面 439 km，远地点 B（离地面最远的点）距地面 2384 km，AB 是椭圆的长轴，地

球半径约为 6371 km,求卫星运行的轨道方程.

解 如图 12-1-9,以直线 AB 为 x 轴,线段 AB 的中垂线为 y 轴,建立直角坐标系,AB 与地球交于 C,D 两点.设椭圆方程为

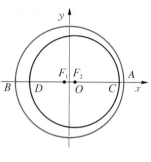

图 12-1-9

$$\frac{x^2}{a^2}+\frac{y^2}{b^2}=1 \quad (a>b>0).$$

由题意知

$$AC=439,BD=2384,F_2C=F_2D=6371.$$
$$a-c=OA-OF_2=F_2A=439+6371=6810.$$
$$a+c=OB+OF_2=F_2B=2384+6371=8755.$$

解得 $\quad a=7782.5,c=972.5$

所以 $b=\sqrt{a^2-c^2}=\sqrt{(a+c)(a-c)}\approx7722.$

因此,卫星运行的轨道方程是 $\frac{x^2}{7783^2}+\frac{y^2}{7722^2}=1.$

1. 求下列椭圆的长轴长、短轴长、离心率、焦点和顶点坐标.

(1) $\frac{x^2}{25}+\frac{y^2}{9}=1$;   (2) $9x^2+y^2=81$;

(3) $x^2+4y^2=16$;   (4) $y^2=1-4x^2$.

2. 求适合下列条件的椭圆的标准方程.

(1) $a=6,e=\frac{1}{3}$,焦点在 x 轴上;

(2) $c=3,e=\frac{3}{4}$,焦点在 y 轴上.

3. 根据下列条件,求椭圆的标准方程.

(1) 经过点 $P(-3,0),Q(0,-2)$;

(2) 中心在原点,一个焦点坐标为 $(0,5)$,短轴长是 4;

(3) 对称轴都在坐标轴上,长轴长为 10,离心率是 0.6.

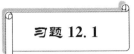
习题 12.1

1. 求下列椭圆的焦点坐标.

(1) $\dfrac{x^2}{9}+y^2=1$；　　　　(2) $\dfrac{x^2}{3}+\dfrac{y^2}{12}=1$；

(3) $x^2+2y^2=4$；　　　　(4) $16x^2+9y^2=144$.

2. 求适合下列条件的椭圆的标准方程.

(1) $a=\sqrt{6},b=1$,焦点在 x 轴上；

(2) 焦点为 $F_1(0,-3)$,$F_2(0,3)$,$a=5$；

(3) 长轴是短轴的 3 倍,椭圆经过点$(3,0)$；

(4) 焦点坐标是$(-2\sqrt{3},0)$,$(2\sqrt{3},0)$,并且经过点 $P(\sqrt{5},-\sqrt{6})$.

3. 若 F_1,F_2 是椭圆 $\dfrac{x^2}{16}+\dfrac{y^2}{9}=1$ 的两个焦点,过 F_1 作直线与椭圆交于 A,B 两点,试求 $\triangle ABF_2$ 的周长.

4. 已知一个贮油罐横截面的外轮廓线是一个椭圆,它的焦距为 2.4 m,外轮廓线上的点到两个焦点距离的和为 3 m,求这个椭圆的标准方程.

5. 点 $M(x,y)$ 在运动过程中,总满足关系式

$$\sqrt{x^2+(y+3)^2}+\sqrt{x^2+(y-3)^2}=10.$$

点 M 的轨迹是什么曲线?为什么?写出它的方程.

6. 求下列椭圆的长轴长、短轴长、离心率、焦点和顶点坐标.

(1) $\dfrac{x^2}{4}+\dfrac{y^2}{3}=1$；

(2) $9x^2+4y^2=36$.

7. 已知椭圆方程为 $\dfrac{x^2}{9-k}+\dfrac{y^2}{k-1}=1$,求椭圆分别满足下列条件时,$k$ 的取值范围：

(1) 焦点在 x 轴上；

(2) 焦点在 y 轴上.

8. 已知椭圆中心在原点,长轴在坐标轴上,离心率为 $\dfrac{\sqrt{5}}{3}$,短轴长为 4,求椭圆的方程.

9. 设 F 是椭圆的一个焦点,B_1B_2 是短轴,$\angle B_1FB_2=60°$,求

这个椭圆的离心率.

10. 已知椭圆的焦距为 4,离心率为 $\frac{2}{3}$,求椭圆的短轴长.

11. 若椭圆 $\frac{x^2}{a^2}+\frac{y^2}{b^2}=1(a>b>0)$ 过点 $(3,-2)$,离心率为 $\frac{\sqrt{3}}{3}$,求 a,b 的值.

12. 已知地球运行的轨道是长半轴长 $a=1.50\times10^8$ km,离心率 $e=0.02$ 的椭圆,且太阳在这个椭圆的一个焦点上,求地球到太阳的最大和最小距离.

13. 已知点 M 与椭圆 $\frac{x^2}{13^2}+\frac{y^2}{12^2}=1$ 的左焦点和右焦点的距离之比为 $2:3$,求点 M 的轨迹方程.

14. 准备一张圆形纸片,在圆内任取不同于圆心的一点 F,将纸片折起,使圆周过点 F(如图),然后将纸片展开,就得到一条折痕 l(为了看清楚,可把直线 l 画出来),这样继续折下去,得到若干折痕.观察这些折痕围成的轮廓,它是什么曲线?

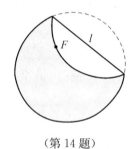

(第 14 题)

（一）圆锥曲线起源

圆锥曲线的研究起源于古希腊，它与三大几何作图问题中的"立方倍积"问题有关.

不少古希腊学者研究过"立方倍积"问题.梅内克缪斯(Menaech-mus)的解法是：取三个圆锥，其轴截面顶角分别为直角、锐角和钝角.各作一平面垂直于一条母线，并与圆锥相截，称截线为"直角圆锥截线"、"锐角圆锥截线"和"钝角圆锥截线"，即现在的抛物线、椭圆和一支等轴双曲线.这是最早对圆锥曲线的定名.他用两条抛物线的交点或一抛物线与一双曲线的交点解决了二倍立方问题.

公元前 3 世纪，古希腊学者欧几里得（Euclid）、阿基米德（Archimedes）和阿波罗尼斯（Apollonius）在前人的基础上，进一步发展了圆锥曲线的理论.

欧几里得、阿基米德和阿波罗尼斯对圆锥曲线的贡献都很大，但欧几里得在这方面的著作都散失了.阿基米德是第一个成功计算出抛物线弓形面积的学者，椭圆作图所用的辅助圆也是他的发明.

阿波罗尼斯处理圆锥曲线的方法与前人不同，他不用三个圆锥，只用一个圆锥，仅需改变截面的位置就可产生三种曲线，他也注意到截面垂直于轴时是一个圆.他最先发现双曲线是有对称中心的曲线，并有两个分支.他对圆锥曲线的叙述很接近现代方式.根据他的叙述，圆锥曲线方程应该是 $y^2 = px$（抛物线），$y^2 = px - \dfrac{p}{d}x^2$（椭圆），$y^2 = px + \dfrac{p}{d}x^2$（双曲线）（其中 p 为通径，d 为与之对应的直径）.因此可以认为阿波罗尼斯时代已经有了文字叙述的圆锥曲线方程.

12.2 双曲线

双曲线是生活中常见的曲线. 如发电厂冷却塔的外形线就是双曲线的一部分. 在数学中,双曲线上的点满足怎样的几何条件呢?

12.2.1 双曲线及其标准方程

如图 12-2-1,取一条拉链,拉开它的一部分,在拉开的两边上各选择一点,分别固定在点 F_1,F_2 上,设点 N 到点 F_2 的长为 $2a(a>0)$,把笔尖放在点 M 处,随着拉链逐渐拉开或者闭拢,笔尖就画出一条曲线(图 12-2-1 右边的曲线). 这条曲线是满足下面条件的点的集合,即

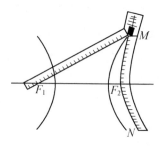

图 12-2-1

$$P = \left\{ M \,\middle|\, |MF_1| - |MF_2| = 2a \right\}.$$

如果使点 M 到点 F_2 的距离减去它到点 F_1 的距离所得的差等于 $2a$,就得到另一条曲线(图 12-2-1 左边的曲线),这条曲线是满足下列条件的点的集合

$$P = \left\{ M \,\middle|\, |MF_2| - |MF_1| = 2a \right\}.$$

这两条曲线合起来就是双曲线.

一般地, 平面内与两个定点 F_1, F_2 的距离的差的绝对值是常数 (小于 $|F_1F_2|$) 的点的轨迹叫做**双曲线** (hyperbola). 这两个定点叫做双曲线的**焦点** (focus), 两焦点的距离叫做**焦距** (focal distance).

如图 12-2-2, 取过焦点 F_1, F_2 的直线为 x 轴, 线段 F_1F_2 的垂直平分线为 y 轴, 建立直角坐标系.

设 $M(x, y)$ 是双曲线上的任意一点, 双曲线的焦距为 $2c$ ($c>0$), 则 F_1, F_2 的坐标分别是 $(-c, 0)$, $(c, 0)$. 又设点 M 与 F_1 和 F_2 的距离的差的绝对值等于常数 $2a$.

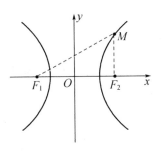

图 12-2-2

> 类比椭圆标准方程的建立过程, 你能说说应怎样选择坐标系, 建立双曲线的标准方程?

由定义可知, 双曲线就是集合

$$P = \left\{ M \middle| \, \big| |MF_1| - |MF_2| \big| = 2a \right\}.$$

因为
$$|MF_1| = \sqrt{(x+c)^2 + y^2},$$
$$|MF_2| = \sqrt{(x-c)^2 + y^2},$$

所以, $\left| \sqrt{(x+c)^2 + y^2} - \sqrt{(x-c)^2 + y^2} \right| = 2a,$

化简, 得 $(c^2 - a^2)x^2 - a^2 y^2 = a^2(c^2 - a^2).$

由双曲线的定义, 知 $2c > 2a$, 即 $c > a$, 所以 $c^2 - a^2 > 0$. 令 $c^2 - a^2 = b^2$, 其中 $b > 0$, 代入上式, 得

$$b^2 x^2 - a^2 y^2 = a^2 b^2.$$

> 你能在图 12-2-2 的 y 轴上找一点 B, 使得 $|OB| = b$ 吗?

两边除以 $a^2 b^2$, 得

$$\frac{x^2}{a^2} - \frac{y^2}{b^2} = 1 (a > 0, b > 0).$$

这个方程叫做**双曲线的标准方程**, 它所表示的双曲线的焦

点在 x 轴上,焦点是 $F_1(-c,0)$, $F_2(c,0)$.

类比焦点在 y 轴上的椭圆的标准方程,如图12-2-3,双曲线的焦点分别是 $F_1(0,-c)$, $F_2(0,c)$, a,b 的意义同上,这时双曲线的标准方程是什么?怎样推导?

类似地,在图 12-2-3 所示的直角坐标系中,我们可以得到焦点为 $F_1(0,-c)$, $F_2(0,c)$ 的双曲线的方程是

$$\frac{y^2}{a^2} - \frac{x^2}{b^2} = 1 (a > 0, b > 0).$$

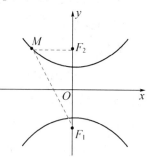

图 12-2-3

这个方程也是**双曲线的标准方程**.

例1 已知双曲线的两个焦点分别为 $F_1(-5,0)$, $F_2(5,0)$,双曲线上一点 P 到 F_1, F_2 的距离的差的绝对值等于6,求双曲线的标准方程.

解 因为双曲线的焦点在 x 轴上,所以设它的标准方程为

$$\frac{x^2}{a^2} - \frac{y^2}{b^2} = 1 (a > 0, b > 0).$$

因为 $2a = 6, c = 5$,

所以 $a = 3, b^2 = c^2 - a^2 = 5^2 - 3^2 = 16$.

因而所求双曲线的标准方程为 $\frac{x^2}{9} - \frac{y^2}{16} = 1$.

例2 求适合下列条件的双曲线的标准方程.

(1) $a = 4, b = 3$,焦点在 x 轴上;

(2) 焦点为 $(0,-6)$, $(0,6)$,经过点 $A(2,-5)$.

解 (1) 因为 $a = 4, b = 3$,且焦点在 x 轴上,所以双曲线标准方程为 $\frac{x^2}{16} - \frac{y^2}{9} = 1$.

(2) 因为焦点在 y 轴上,所以双曲线的标准方程可设为

$$\frac{y^2}{a^2} - \frac{x^2}{b^2} = 1.$$

因为 $c = 6$,且点 $A(2,-5)$ 在双曲线上,

所以 $\begin{cases} a^2 + b^2 = 36, \\ \dfrac{25}{a^2} - \dfrac{4}{b^2} = 1, \end{cases}$

解得 $\begin{cases} a^2 = 20, \\ b^2 = 16. \end{cases}$

故所求双曲线的标准方程为 $\dfrac{y^2}{20} - \dfrac{x^2}{16} = 1$.

> **1.** 双曲线 $4x^2 - y^2 = 64$ 上一点 P 到它的一个焦点的距离等于 1,则点 P 到另一个焦点的距离等于 _____.
>
> **2.** 求适合下列条件的双曲线的标准方程.
>
> (1) $a = 4, b = 2$;
>
> (2) 焦点在 x 轴上,经过点 $(-\sqrt{2}, -\sqrt{3})$,$\left(\dfrac{\sqrt{15}}{3}, \sqrt{2} \right)$.

12.2.2 双曲线的几何性质

我们根据双曲线的标准方程

$$\frac{x^2}{a^2} - \frac{y^2}{b^2} = 1 (a > 0, b > 0)$$

来研究双曲线的几何性质.

1. 范围

由标准方程可知,双曲线上的点的坐标 (x, y) 都满足

$$\frac{x^2}{a^2} = 1 + \frac{y^2}{b^2} \geqslant 1,$$

所以 $\quad \dfrac{x^2}{a^2} \geqslant 1,$

即 $\quad x \geqslant a$ 或 $x \leqslant -a.$

这说明双曲线位于不等式 $x \geqslant a$ 与 $x \leqslant -a$ 所表示的平面区域内(图 12-2-4).

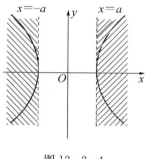

图 12-2-4

2. 对称性

双曲线关于每个坐标轴和原点都是对称的. 这时,坐标轴是双曲线的对称轴,原点是双曲线的对称中心. 双曲线的对称中心叫做**双曲线的中心**(center of an hyperbola).

3. 顶点

在双曲线的标准方程中,令 $y=0$,得 $x=\pm a$,因此双曲线和 x 轴有两个交点 $A_1(-a,0)$,$A_2(a,0)$. 因为 x 轴是双曲线的对称轴,所以双曲线和它的对称轴有两个交点,它们叫做双曲线的顶点(vertex of an hyperbola).

令 $x=0$,得 $y^2 = -b^2$,这个方程没有实数根,说明双曲线和 y 轴没有交点,但我们也把 $B_1(0,-b)$,$B_2(0,b)$ 画在 y 轴上(图 12-2-5).

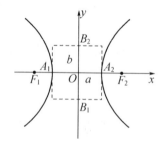

图 12-2-5

线段 A_1A_2 叫做双曲线的**实轴**(real axis),它的长等于 $2a$,a 叫做双曲线的**实半轴长**. 线段 B_1B_2 叫做双曲线的**虚轴**(imaginary axis),它的长等于 $2b$,b 叫做双曲线的**虚半轴长**.

4. 渐近线

如图 $12-2-6$，用《几何画板》画双曲线 $\dfrac{x^2}{9}-\dfrac{y^2}{4}=1$，在位于第一象限的曲线上取一点 M，测量点 M 的横坐标 x_M 以及它到直线 $\dfrac{x}{3}-\dfrac{y}{2}=0$ 的距离 d. 沿曲线的右上角拖动点 M，观察 x_M 与 d 的大小关系，可以发现随着点 M 的横坐标 x_M 逐渐增大，d 在逐渐减小，但永远不等于 0.

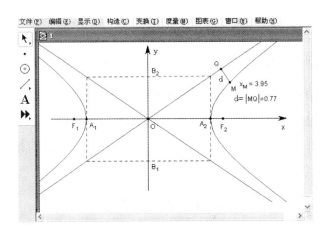

图 $12-2-6$

实际上，经过点 A_2，A_1 作 y 轴的平行线 $x=\pm a$，经过点 B_2，B_1 作 x 轴的平行线 $y=\pm b$，四条直线围成一个矩形（图 $12-2-7$）. 矩形的两条对角线所在的直线的方程是 $y=\pm\dfrac{b}{a}x$，可以看到，双曲线 $\dfrac{x^2}{a^2}-\dfrac{y^2}{b^2}=1$ 的各支向外延伸时，与这两条直线逐渐接近，我们把这两条直线 $y=\pm\dfrac{b}{a}x$ 叫做双曲线的**渐近线**(asymptote).

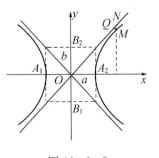

图 $12-2-7$

在方程 $\dfrac{x^2}{a^2}-\dfrac{y^2}{b^2}=1$ 中，如果 $a=b$，那么双曲线方程为

双曲线 $\dfrac{y^2}{a^2}-\dfrac{x^2}{b^2}=1$ 的渐近线方程是什么？

$x^2 - y^2 = a^2$，这样的双曲线叫做**等轴双曲线**.

等轴双曲线的实轴和虚轴的长都等于 $2a$，渐近线方程为 $y = \pm x$，它们互相垂直，并且平分双曲线实轴和虚轴所成的角.

椭圆的离心率可以刻画椭圆的扁平程度，双曲线的离心率刻画双曲线的什么几何特征呢？

5. 离心率

双曲线的焦距与实轴长的比，叫做双曲线的**离心率**（eccentricity），用 e 表示，则 $e = \dfrac{c}{a}$. 因为 $c > a > 0$，所以双曲线的离心率 $e > 1$.

由等式 $c^2 - a^2 = b^2$，可得 $\dfrac{b}{a} = \dfrac{\sqrt{c^2 - a^2}}{a} = \sqrt{\dfrac{c^2}{a^2} - 1} = \sqrt{e^2 - 1}$.

因此 e 越大，$\dfrac{b}{a}$ 也越大，即渐近线 $y = \pm \dfrac{b}{a} x$ 的斜率的绝对值越大，这时双曲线的形状就从扁狭逐渐变得开阔. 由此可见，双曲线的离心率越大，它的开口就越开阔.

例 3 求双曲线 $16x^2 - 9y^2 = 144$ 的实半轴长和虚半轴长、焦点坐标、离心率、渐近线方程.

解 把原方程化为标准方程 $\dfrac{x^2}{3^2} - \dfrac{y^2}{4^2} = 1$.

由此可见，实半轴长 $a = 3$，虚半轴长 $b = 4$.

$$c = \sqrt{a^2 + b^2} = \sqrt{3^2 + 4^2} = 5.$$

所以，焦点坐标是 $(-5, 0)$，$(5, 0)$；离心率 $e = \dfrac{c}{a} = \dfrac{5}{3}$；渐近线方程为 $y = \pm \dfrac{4}{3} x$.

例 4 求满足下列条件的双曲线的标准方程.

（1）实轴长为 6，离心率为 2，焦点在 y 轴上.

（2）一个焦点是 $F_2(5, 0)$，一条渐近线方程为 $3x + 4y = 0$.

解 （1）由题意：$2a = 6$，得 $a = 3$.

因为 $e = \dfrac{c}{a} = 2$，所以 $c = 6$.

因为 $b^2 = c^2 - a^2$，所以 $b^2 = 36 - 9 = 27$.

又因为双曲线的焦点在 y 轴上，

所以所求双曲线的标准方程为 $\dfrac{y^2}{9} - \dfrac{x^2}{27} = 1$.

（2）因为双曲线的焦点在 x 轴上，所以设它的标准方程为 $\dfrac{x^2}{a^2} - \dfrac{y^2}{b^2} = 1 (a > 0, b > 0)$.

由题意,得 $\begin{cases} \dfrac{b}{a} = \dfrac{3}{4}, \\ c^2 = a^2 + b^2 = 25. \end{cases}$

解得 $\begin{cases} a^2 = 16, \\ b^2 = 9. \end{cases}$

故所求双曲线的标准方程为 $\dfrac{x^2}{16} - \dfrac{y^2}{9} = 1$.

例 5　双曲线型自然通风塔的外形,是双曲线的一部分绕其虚轴旋转所成的曲面(图 12 - 2 - 8),它的最小半径为 12 m,上口半径为 13 m,下口半径为 25 m,高 55 m. 在所给的坐标系中求此双曲线的方程.（精确到 0.1 m）

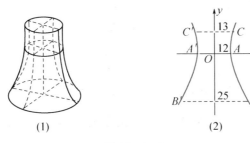

图 12 - 2 - 8

解　在图 12 - 2 - 8(2)所示坐标系中,双曲线的标准方程为

$$\dfrac{x^2}{a^2} - \dfrac{y^2}{b^2} = 1.$$

如图(1)所示,点 A 旋转所成的圆半径最小,$a = 12$,下面求 b. 设 B 是双曲线上位于通风塔下口的一点,它的坐标为 $(25, y_1)$;C 是双曲线上位于通风塔上口的一点,它的坐标为 $(13, y_2)$. 因为 B, C 在双曲线上,所以

$$\dfrac{25^2}{12^2} - \dfrac{y_1^2}{b^2} = 1,$$

$$\frac{13^2}{12^2} - \frac{y_2^2}{b^2} = 1.$$

解得　$y_1 = -\frac{b}{12}\sqrt{25^2 - 12^2} = -\frac{b}{12}\sqrt{481}$,

$$y_2 = \frac{b}{12}\sqrt{13^2 - 12^2} = \frac{5}{12}b.$$

因为塔高 55 m,所以 $y_2 - y_1 = 55$,

即　　　　　$\frac{5b}{12} + \frac{b\sqrt{481}}{12} = 55$.

解得　　　　$b \approx 24.5$.

所以双曲线方程为 $\frac{x^2}{12^2} - \frac{y^2}{24.5^2} = 1$.

1. 求下列双曲线的实轴和虚轴的长、顶点和焦点坐标、离心率、渐近线方程.

(1) $8x^2 - y^2 = 2$;　　　　(2) $x^2 - 9y^2 = 81$;

(3) $x^2 - y^2 = -25$;　　　　(4) $\frac{y^2}{36} - \frac{x^2}{64} = 1$.

2. 求适合下列条件的双曲线的标准方程.

(1) 顶点在 x 轴上,两顶点的距离是 8,离心率是 $\frac{5}{4}$;

(2) 焦点在 y 轴上,焦距是 16,离心率是 $\frac{4}{3}$.

3. 等轴双曲线的一个焦点是 $F_1(-6, 0)$,求它的标准方程和渐近线方程.

习题 12.2

1. 求适合下列条件的双曲线的标准方程.

(1) $a = b$,一个焦点为 $F_1(0, 2\sqrt{2})$;

(2) $a = 2b$,经过点 $(3, -1)$,焦点在 x 轴上;

(3) 过 $(3,-4\sqrt{2})$ 和 $\left(\dfrac{9}{4},5\right)$ 两点，焦点在 y 轴上.

2. 求以椭圆 $\dfrac{x^2}{8}+\dfrac{y^2}{5}=1$ 的焦点为顶点，以该椭圆的顶点为焦点的双曲线方程.

3. 求过点 $(3,-2)$，且与椭圆 $4x^2+9y^2=36$ 有相同焦点的双曲线方程.

4. 已知方程 $\dfrac{x^2}{2+m}+\dfrac{y^2}{m+1}=1$ 表示双曲线，求 m 的取值范围.

5. 已知双曲线 $\dfrac{x^2}{64}-\dfrac{y^2}{36}=1$ 的焦点为 F_1，F_2，点 P 在双曲线上，且 $\angle F_1PF_2=90°$，求 $\triangle F_1PF_2$ 的面积.

6. 证明：等轴双曲线的离心率是 $\sqrt{2}$.

7. 已知双曲线的方程是：

(1) $4x^2-9y^2=36$；(2) $4x^2-9y^2=-36$.

求它的顶点、焦点坐标，离心率和渐近线方程.

8. 求双曲线的标准方程.

(1) 实轴长为 6，离心率为 2，焦点在 y 轴上；

(2) 离心率 $e=\sqrt{2}$，经过点 $M(-5,3)$；

(3) 渐近线方程是 $y=\pm\dfrac{3}{4}x$，焦点坐标为 $(-5,0)$ 和 $(5,0)$；

(4) 渐近线方程是 $y=\pm\dfrac{2}{3}x$，经过点 $M\left(\dfrac{9}{2},-1\right)$.

9. 求与椭圆 $\dfrac{x^2}{49}+\dfrac{y^2}{24}=1$ 有公共焦点，且离心率 $e=\dfrac{5}{4}$ 的双曲线方程.

10. 求过点 $(2,-2)$，且与双曲线 $\dfrac{x^2}{2}-y^2=1$ 有公共渐近线的双曲线方程.

11. 求经过点 $A(3,-1)$，并且对称轴都在坐标轴上的等轴双曲线方程.

12. 在纸上画一个圆 O，在圆外任取一定点 F，将纸片折起，使圆周通过点 F（如图），然后将纸片展开，就得到一条折痕 l（为了看清楚，可把直线 l 画出来），这样继续折下去，得到若干折痕. 观察这些折痕围成的轮廓，它是什么曲线？

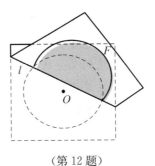

（第 12 题）

（二）为什么 $y = \pm \dfrac{b}{a}x$ 是双曲线的$\dfrac{x^2}{a^2} - \dfrac{y^2}{b^2} = 1$ $(a > 0, b > 0)$ 的渐近线

如图 $12-2-9$，先取双曲线在第一象限内的部分进行证明．这一部分的方程可写为

$$y = \frac{b}{a}\sqrt{x^2 - a^2} \quad (x > a).$$

设 $M(x, y)$ 是它上面的点，$N(x, Y)$ 是直线 $y = \dfrac{b}{a}x$ 上与 M 有相同横坐标的点，则 $Y = \dfrac{b}{a}x$.

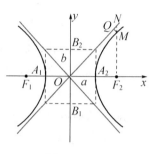

图 $12-2-9$

因为 $y = \dfrac{b}{a}\sqrt{x^2 - a^2} = \dfrac{b}{a}x\sqrt{1 - \left(\dfrac{a}{x}\right)^2} < \dfrac{b}{a}x = Y$，

所以 $|MN| = Y - y = \dfrac{b}{a}(x - \sqrt{x^2 - a^2})$

$$= \frac{b}{a} \cdot \frac{(x - \sqrt{x^2 - a^2})(x + \sqrt{x^2 - a^2})}{x + \sqrt{x^2 - a^2}}$$

$$= \frac{ab}{x + \sqrt{x^2 - a^2}}.$$

设 $|MQ|$ 是点 M 到直线 $y = \dfrac{b}{a}x$ 的距离，则 $|MQ| < |MN|$．当 x 逐渐增大时，$|MN|$ 逐渐减小，$|MQ|$ 也逐渐减小，x 无限增大，$|MN|$ 接近于零，$|MQ|$ 也接近于零，即双曲线在第一象限的部分从射线 ON 的下方逐渐接近于射线 ON.

在其他象限内也可以证明类似的情况．你能证明吗？

另外，我们也可直接计算 $|MQ|$，证明当 x 无限增大时，$|MQ|$ 无限接近于零.

12.3　抛物线

　　抛物线是生活中常见的曲线. 如炮弹飞行的轨道, 广场上喷水池里喷出的水柱都是抛物线形状的. 在数学中, 抛物线上的点满足怎样的几何条件呢?

12.3.1　抛物线及其标准方程

　　用几何画板画图, 如图 12-3-1, 点 F 是定点, l 是不经过点 F 的定直线, H 是 l 上任意一点, 过点 H 作 $MH \perp l$, 线段 FH 的垂直平分线 m 交 MH 于点 M. 拖动点 H, 观察点 M 的轨迹, 你能发现点 M 满足的几何条件吗?

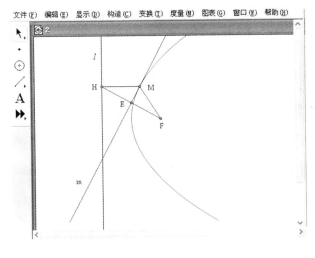

图 12-3-1

　　可以发现, 点 M 随着点 H 运动的过程中, 始终有

$|MF| = |MH|$，即点 M 到定点 F 的距离和它到定直线 l 的距离相等.

一般地，平面内与一定点 F 和一条定直线 l 的距离相等的点的轨迹叫做**抛物线**（parabola）（定点 F 不在定直线 l 上）.定点 F 叫做抛物线的**焦点**（focus），定直线 l 叫做抛物线的**准线**（directrix）.

根据抛物线的定义，设定点 F 到定直线 l 的距离为 p（$p>0$）.

取过焦点 F 且垂直于准线 l 的直线为 x 轴，x 轴与 l 交于点 K，以线段 KF 的垂直平分线为 y 轴，建立直角坐标系（图 12-3-2）.

设 $|KF| = p$，则焦点 F 的坐标为 $\left(\dfrac{p}{2}, 0\right)$，准线方程为 $x = -\dfrac{p}{2}$.

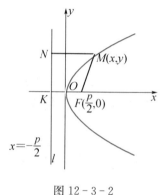

图 12-3-2

设抛物线上的点 $M(x, y)$ 到 l 的距离为 d，抛物线就是集合

$$P = \left\{ M \mid |MF| = d \right\}.$$

因为 $|MF| = \sqrt{\left(x - \dfrac{p}{2}\right)^2 + y^2}$，$d = \left| x + \dfrac{p}{2} \right|$，

所以 $\sqrt{\left(x - \dfrac{p}{2}\right)^2 + y^2} = \left| x + \dfrac{p}{2} \right|$.

将上式两边平方，并化简，得

$$y^2 = 2px \quad (p > 0).$$

我们把方程 $y^2 = 2px$（$p > 0$）叫做**抛物线的标准方程**.

一条抛物线，由于它在坐标平面内的位置不同，方程也不同.所以抛物线的标准方程还有其他几种形式：y^2

$=-2px$，$x^2=2py$，$x^2=-2py$，其中 $p>0$. 这 4 种抛物线的图形、标准方程、焦点坐标以及准线方程列表如下：

标准方程	焦　点	准　线	图　形
$y^2=2px$ $(p>0)$	$F\left(\dfrac{p}{2},0\right)$	$x=-\dfrac{p}{2}$	
$y^2=-2px$ $(p>0)$	$F\left(-\dfrac{p}{2},0\right)$	$x=\dfrac{p}{2}$	
$x^2=2py$ $(p>0)$	$F\left(0,\dfrac{p}{2}\right)$	$y=-\dfrac{p}{2}$	
$x^2=-2py$ $(p>0)$	$F\left(0,-\dfrac{p}{2}\right)$	$y=\dfrac{p}{2}$	

如何判断抛物线的对称轴和开口方向？可以用口诀记忆. 对称轴看一次项，开口方向看符号.

你能说明二次函数 $y=ax^2(a\neq0)$ 的图象为什么是抛物线吗？

例 1　已知下列抛物线的标准方程，求抛物线的焦点坐标和准线方程.

（1）$y^2=6x$；　　　（2）$y=-\dfrac{1}{6}x^2$.

解　（1）因为 $p=3$，所以焦点坐标是 $\left(\dfrac{3}{2},0\right)$，准线方程是 $x=-\dfrac{3}{2}$.

（2）将原方程改写为 $x^2=-6y$. 因为 $p=3$，所以焦点

坐标是 $\left(0,-\dfrac{3}{2}\right)$，准线方程是 $y=\dfrac{3}{2}$.

例 2 求适合下列条件的抛物线的标准方程.

（1）准线方程是 $x=10$. （2）焦点坐标是 $(0,-2)$.

解 （1）因为焦点在 x 轴负半轴上，并且 $\dfrac{p}{2}=10$，$p=20$，所以它的标准方程是 $y^2=-40x$.

（2）因为焦点在 y 轴负半轴上，并且 $\dfrac{p}{2}=2$，$p=4$，所以它的标准方程是 $x^2=-8y$.

例 3 一种卫星接收天线的轴截面如图 12-3-3 所示，卫星波束呈近似平行状态射入轴截面为抛物线的接收天线，经反射聚集到焦点处.已知接收天线的口径（直径）为 4.8 m，深度为 0.5 m，求抛物线的标准方程和焦点坐标.

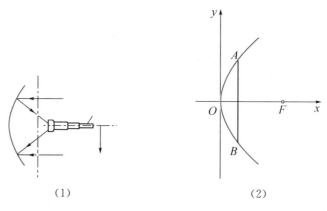

（1） （2）

图 12-3-3

解 如图 12-3-3，在接收天线的轴截面所在平面内建立坐标系，使接收天线的顶点（即抛物线的顶点）与原点重合.

设抛物线的标准方程是 $y^2=2px(p>0)$，由已知条件可得，点 A 的坐标是 $(0.5,2.4)$，代入方程，得 $2.4^2=2p\times0.5$，即 $p=5.76$.

所以，所求抛物线的标准方程是 $y^2=11.52x$，焦点坐标是 $(2.88,0)$.

1. 求下列抛物线的焦点坐标和准线方程.

(1) $y^2 = 20x$；   (2) $x^2 = -3y$；

(3) $y^2 = -32x$；   (4) $x^2 = 42y$.

2. 求适合下列条件的抛物线方程.

(1) 焦点为 $(6, 0)$；   (2) 焦点为 $(0, -5)$；

(3) 准线方程为 $y = \dfrac{2}{3}$；   (4) 焦点到准线的距离为 5.

3. (1) 抛物线 $y^2 = 2px\,(p > 0)$ 上一点 M 到焦点的距离是 $a\left(a > \dfrac{p}{2}\right)$，则点 M 到准线的距离是 _____，点 M 的横坐标是 _____；

(2) 抛物线 $y^2 = 12x$ 上与焦点的距离等于 9 的点的坐标是 _____.

12.3.2　抛物线的几何性质

我们根据抛物线的标准方程 $y^2 = 2px\,(p > 0)$ 来研究它的几何性质.

类比椭圆、双曲线的几何性质，讨论抛物线的几何性质.

1. 范围

因为 $p > 0$，由方程可知，对于抛物线上的点 $M(x, y)$，$x \geqslant 0$，所以这条抛物线在 y 轴的右侧，当 x 的值增大时，$|y|$ 也增大，这说明抛物线向右上方和右下方无限延伸.

2. 对称性

以 $-y$ 代替 y，方程不变，所以这条抛物线关于 x 轴对称，我们把抛物线的对称轴叫做**抛物线的轴**（axis of an parabola）.

3. 顶点

抛物线和它的轴的交点叫做**抛物线**的顶点（vertex of

an parabola). 在方程中,当 $y=0$ 时,$x=0$,因此抛物线的顶点就是坐标原点.

4. 离心率

抛物线上的点 M 与焦点的距离和它到准线的距离的比,叫做抛物线的**离心率**(eccentricity),用 e 表示. 由抛物线的定义可知,$e=1$.

例 4 已知抛物线上的点关于 x 轴对称,它的顶点在坐标原点,并且经过点 $M(2,-2\sqrt{2})$. 求它的标准方程,并用描点法画出图形.

解 因为抛物线关于 x 轴对称,它的顶点在坐标原点,并且经过点 $M(2,-2\sqrt{2})$,所以设它的标准方程为 $y^2=2px$.

因为点 M 在抛物线上,所以 $(-2\sqrt{2})^2=2p\times2$,

即 $$p=2.$$

因此所求方程是 $$y^2=4x.$$

将已知方程变形为 $y=\pm2\sqrt{x}$,根据 $y=2\sqrt{x}$ 计算抛物线在第一象限内的几个点的坐标,得

x	0	1	2	3	4	⋯
y	0	2	2.8	3.5	4	⋯

先描点,画出抛物线在第一象限的部分;再根据抛物线的对称性,画出抛物线在第四象限的部分(图 12-3-4).

顶点在原点,对称轴是坐标轴,并且经过点 $M(2,-2\sqrt{2})$ 的抛物线有几条?求出它们的标准方程.

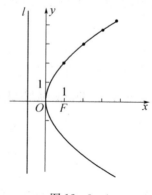

图 12-3-4

例5　汽车前灯的反光曲面与轴截面的交线为抛物线,灯口直径为 197 mm,反光曲面的顶点到灯口的距离是 69 mm. 由抛物线的性质可知,当灯泡安装在抛物线的焦点处时,经反光曲面反射后的光线是平行光线. 为了获得平行光线,应怎样安装灯泡?(精确到 1 mm)

解　如图 12 - 3 - 5,在车灯的一个轴截面上建立直角坐标系.设抛物线方程为 $y^2 = 2px\ (p > 0)$,灯泡应安装在其焦点 F 处.

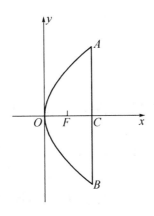

图 12 - 3 - 5

连接 AB,AB 就是灯口的直径,即 $AB = 197$. AB 交 x 轴于点 C,则 $OC = 69$,所以 A 点坐标为 $\left(69, \dfrac{197}{2}\right)$.

将 A 点坐标代入方程 $y^2 = 2px$,解得 $p \approx 70.3$.

此时焦点坐标约为 $F(35, 0)$.

因此,灯泡应安装在距顶点约 35 mm 处.

---

1. 根据下列所给条件,写出抛物线的标准方程.

(1) 顶点在原点,关于 x 轴对称,并且经过点 $M(5, -4)$;

(2) 顶点在原点,焦点是 $F(0, 5)$;

(3) 顶点在原点,准线是 $x = 4$.

2. 求下列抛物线的焦点坐标和准线方程.

(1) $x^2 = 2y$;　　　(2) $4x^2 + 3y = 0$.

3. 一条隧道的顶部是抛物线拱形, 拱高是 1.1 m, 跨度是 2.2 m, 求拱形的抛物线方程.

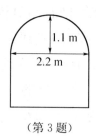

(第 3 题)

习题 12.3

1. 根据下列条件求抛物线的方程, 并用描点法画出图象(也可用计算机画图).

(1) 顶点在原点, 对称轴是 x 轴, 并且顶点与焦点的距离等于 6;

(2) 顶点在原点, 对称轴是 y 轴, 并经过点 $P(-6, -3)$.

2. 求下列抛物线的焦点坐标和准线方程.

(1) $x + y^2 = 0$;

(2) $x^2 - 8y = 0$;

(3) $y^2 = ax (a > 0)$;

(4) $2y^2 + 7x = 0$.

3. 经过抛物线 $y^2 = 2px$ 的焦点 F, 作一条直线垂直于它的对称轴, 和抛物线相交于 P_1, P_2 两点, 线段 $P_1 P_2$ 叫做抛物线的通径. 求通径 $P_1 P_2$ 的长.

4. 过抛物线 $y^2 = 2px$ 的焦点的一条直线和这抛物线相交, 两个交点的纵坐标为 y_1, y_2. 求证: $y_1 y_2 = -p^2$.

5. 如图, 吊车梁的鱼腹部分 AOB 是一段抛物线, 宽 7 m, 高 0.7 m, 求这条抛物线的方程.

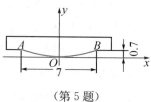

(第 5 题)

6. 图中是抛物线形拱桥, 当水面离拱顶 2 m 时, 水面宽 4 m. 若水面下降 1 m, 求水面宽度.

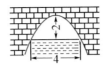

（第 6 题）

7. 已知抛物线的顶点是双曲线 $16x^2 - 9y^2 = 144$ 的中心,而焦点是双曲线的左顶点,求抛物线方程.

8. 已知抛物线的顶点在原点,对称轴为坐标轴,焦点在直线 $x - 2y - 4 = 0$ 上,求抛物线的方程.

9. 在抛物线 $y^2 = 4x$ 上求一点 P,使得点 P 到直线 $y = x + 3$ 的距离最短.

10. 如图,将一张长方形纸片 $ABCD$ 的一只角斜折,使点 D 总是落在对边 AB 上,然后展开纸片,得到一条折痕 l(为了看清楚,可把直线 l 画出来),这样继续折下去,得到若干折痕. 观察这些折痕围成的轮廓,它是什么曲线?

（第 10 题）

阅读材料

（三）美国国会大厦的抛物天花板

在当今的高工艺世界里,去寻找19世纪建造的东西,似乎相当有趣.美国国会大厦,以其非电子窃听设计而符合于这一目的.美国的国会大厦由W·桑顿博士等建于公元1792年,1814年为英国侵略军所烧毁,公元1819年重建.

在国会山巨大圆顶厅的南面是雕塑厅,该厅的设立是缘于1864年,各个州都要求捐献他们的两位著名市民的塑像而得名.直至1857年,众议院都与雕塑厅相连.在这个厅里,当时有一位叫阿达姆的议员,发现了一种奇特的声学现象:在厅一边的某个定点,人们能够清楚地听到位于厅另一边的人谈话,而所有站在两者之间的人,都听不到他们的声音,他们发出的噪音也并不能使传递于大厅间的谈话声变得模糊.阿达姆的桌子正巧坐落在抛物天花板的一个焦点.这样,他便能很容易地窃听到位于另一个焦点的其他国会议员的私人谈话.

抛物反射镜按以下方式作用:

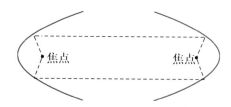

焦点　　　　　　　焦点

探奇:

在加利福尼亚的旧金山,有一个为公众设置的抛物声音反射镜,它们设置在一间大房子相对的两边,它们的焦点有标记可以识别.两个人分别在两个焦点作正常的谈话,在房子中不管是否有其他人或其他音响,都不会对他们的彼此倾听造成阻碍!

（摘自《数学趣闻集锦》(上),作者:(美)T·帕帕斯)

12.4　圆锥曲线的共同性质

前面我们学习了椭圆、双曲线与抛物线的方程,并通过对方程的研究分别得到了各自的性质.椭圆、双曲线、抛物线都是由一个平面截一个圆锥面得到的,统称为圆锥曲线.那么,圆锥曲线有什么共同性质?

我们知道,平面内到一个定点 F 的距离和到一条定直线 l(F 不在 l 上)的距离的比等于 1 的动点 P 的轨迹是抛物线,并且这个比值就是抛物线的离心率 e.那么,当这个比值是一个不等于 1 的常数时,动点 P 的轨迹又是什么曲线呢?

用几何画板画图,点击连续变化的圆锥曲线按钮,可以发现随着这个比值的改变,图形在不断发生变化.图12-4-2和12-4-3分别给出常数为 0.656 和 1.989 时动点 P 的轨迹.

容易看出图 12-4-2 中的轨迹像椭圆,图 12-4-3 中的轨迹像双曲线.

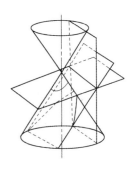

图 12-4-1

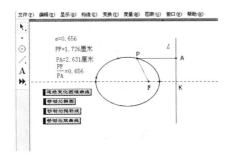

图 12-4-2

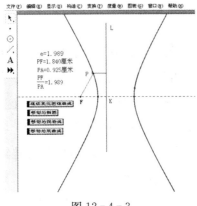

图 12-4-3

例 已知点 $P(x, y)$ 到定点 $F(c, 0)$ 的距离与它到定直线 $l: x = \dfrac{a^2}{c}$ 的距离的比是常数 $\dfrac{c}{a}(a > c > 0)$，求点 P 的轨迹（图 $12 - 4 - 4$）.

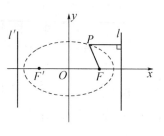

图 $12 - 4 - 4$

解 由题意，得 $\dfrac{\sqrt{(x-c)^2 + y^2}}{\left| \dfrac{a^2}{c} - x \right|} = \dfrac{c}{a}$，

化简，得 $(a^2 - c^2)x^2 + a^2 y^2 = a^2(a^2 - c^2)$.

令 $a^2 - c^2 = b^2$，则上式化为 $\dfrac{x^2}{a^2} + \dfrac{y^2}{b^2} = 1(a > b > 0)$，这是椭圆的标准方程.

所以点 P 的轨迹是焦点为 $(-c, 0)$，$(c, 0)$，长轴长、短轴长分别为 $2a$，$2b$ 的椭圆.

由例题知，椭圆上的点 P 到定点 F 的距离和它到一条定直线 l（F 不在 l 上）的距离的比是一个常数，这个常数 $\dfrac{c}{a}(a > c > 0)$ 就是椭圆的离心率 e.

类似地，可以得到：双曲线 $\dfrac{x^2}{a^2} - \dfrac{y^2}{b^2} = 1$ 上的点 P 到定点 $F(c, 0)$ 的距离和它到定直线 $l: x = \dfrac{a^2}{c}(c > a > 0, b^2 = c^2 - a^2)$ 的距离的比是一个常数，这个常数 $\dfrac{c}{a}$ 就是双曲线的离心率 e.

由此可知，椭圆、双曲线、抛物线有共同的性质：

圆锥曲线上的点到一个定点 F 和到一条定直线 l（F 不在定直线 l 上）的距离之比是一个常数 e. 这个常数 e 叫做圆锥曲线的**离心率**（eccentricity），定点 F 就是圆锥曲线的**焦点**（focus），定直线 l 就是该圆锥曲线的**准线**（directrix）.

显然，椭圆的离心率满足 $0 < e < 1$，双曲线的离心率 $e > 1$，抛物线的离心率 $e = 1$. 根据图形的对称性可知，椭圆和双曲线都有两条准线,对于中心在原点、焦点在 x 轴上的椭圆或双曲线,准线方程都是 $x = \pm \dfrac{a^2}{c}$.

> 求下列曲线的准线方程.
>
> (1) $\dfrac{x^2}{5^2} + \dfrac{y^2}{4^2} = 1$;　　　(2) $4x^2 + y^2 = 4$;
>
> (3) $x^2 - 8y^2 = 32$;　　　(4) $x^2 - y^2 = -4$;
>
> (5) $y^2 = 64x$;　　　(6) $x^2 = -2y$.

椭圆 $\dfrac{y^2}{a^2} + \dfrac{x^2}{b^2} = 1(a > b > 0)$ 和双曲线 $\dfrac{y^2}{a^2} - \dfrac{x^2}{b^2} = 1(a > 0, b > 0)$ 的准线方程各是什么?

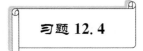

习题 12.4

1. 填空.

标准方程	图　形	焦点坐标	准线方程
$\dfrac{x^2}{a^2} + \dfrac{y^2}{b^2} = 1$ $(a > b > 0)$			
$\dfrac{y^2}{a^2} + \dfrac{x^2}{b^2} = 1$ $(a > b > 0)$			
$\dfrac{x^2}{a^2} - \dfrac{y^2}{b^2} = 1$ $(a, b > 0)$			
$\dfrac{y^2}{a^2} - \dfrac{x^2}{b^2} = 1$ $(a, b > 0)$			
$y^2 = 2px$ $(p > 0)$			
$y^2 = -2px$ $(p > 0)$			

(续表)

标准方程	图　形	焦点坐标	准线方程
$x^2 = 2py$ $(p>0)$			
$x^2 = -2py$ $(p>0)$			

2. 求下列曲线的焦点坐标和准线方程.

(1) $x^2 + 4y^2 = 4$；　　　　(2) $2x^2 + y^2 = 8$；

(3) $x^2 - 2y^2 = 2$；　　　　(4) $2y^2 - x^2 = 4$；

(5) $x^2 - 8y = 0$；　　　　(6) $y^2 + 4x = 0$.

3. 求与定点 $A(5,0)$ 及定直线 $l:x=\dfrac{16}{5}$ 的距离比是 $5:4$ 的点的轨迹方程.

4. 若双曲线 $\dfrac{x^2}{9} - \dfrac{y^2}{16} = 1$ 左支上一点 P 到左焦点的距离是 14，求点 P 到右准线的距离.

本章小结(一)

在本章中,我们研究了椭圆、双曲线、抛物线的定义,标准方程,简单几何性质,以及它们在实际中的一些应用.

知识结构如下:

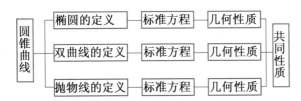

用一个平面去截圆锥,改变平面与圆锥的夹角,可以得到椭圆、双曲线、抛物线,因此把它们统称为圆锥曲线.事实上,圆锥曲线与天文学、物理学等研究紧密相关,也与我们日常生活紧密相关.请同学们查阅资料,了解一下这方面的有关知识.

历史上,人们用纯粹几何的方法,得到了关于圆锥曲线的大量性质,这些性质在后来的天文学研究中得到了应用.笛卡尔发明了坐标系后,人们借助坐标系把数与形联系起来,根据圆锥曲线的几何特征,选择适当的坐标系,建立圆锥曲线的方程,通过研究方程从而得到圆锥曲线的几何性质,这就是用坐标法研究圆锥曲线.

各种圆锥曲线有内在的联系,这种联系能为我们提出问题,获得研究方法思路.例如,在研究了椭圆的几何特征、定义、标准方程、简单几何性质以后,通过类比,就能得到双曲线、抛物线所要研究的问题以及研究的基本方法.

在圆锥曲线的研究中,信息技术可以发挥很好的作用.例如,借助信息技术,可以方便地画出曲线图形,通过改变某些量(如椭圆的长、短轴或焦距等),可以帮助我们发现曲线的几何特征及其基本性质等.总之,研究圆锥曲线时,信息技术在发现问题、形成思想方法、获得结论等方面都能发挥作用.

通过本章的学习,你能说说用坐标法研究圆锥曲线的具体过程吗?

完成下表：

	椭　圆	双曲线	抛物线
定　义			
标准方程			
图　形			
顶点坐标			
对称轴			
焦点坐标			
离心率 $e = \dfrac{c}{a}$			
准线方程			
渐近线方程			

复习参考题（一）

A 组

1. 以椭圆 $\frac{x^2}{2} + y^2 = 1$ 的对称中心为顶点，椭圆的焦点为焦点的抛物线的方程是（　　）．

A. $y^2 = 4x$ 　　　B. $y^2 = -4x$ 或 $x^2 = 4y$

C. $x^2 = 4y$ 　　　D. $y^2 = 4x$ 或 $y^2 = -4x$

2. 方程 $x^2 - 4x + 1 = 0$ 的两个根可分别作为（　　）．

A. 一椭圆和一双曲线的离心率

B. 两抛物线的离心率

C. 一椭圆和一抛物线的离心率

D. 两椭圆的离心率

3. 曲线 $\frac{x^2}{25} + \frac{y^2}{9} = 1$ 与曲线 $\frac{x^2}{25-k} + \frac{y^2}{9-k} = 1 (k < 9)$ 的（　　）．

A. 长、短轴相等   　　B. 焦距相等

C. 离心率相等   　　　D. 准线相同

4. 已知对称轴为坐标轴的双曲线有一条渐近线的方程为 $2x - y = 0$，则该双曲线的离心率为（　　）．

A. 5 或 $\frac{5}{4}$ 　　　B. $\sqrt{5}$ 或 $\frac{\sqrt{5}}{2}$

C. $\sqrt{3}$ 或 $\frac{\sqrt{3}}{2}$ 　　D. 5 或 $\frac{5}{3}$

5. k 为实数，试根据 k 的不同取值，讨论方程 $\frac{x^2}{25-k} + \frac{y^2}{k-9} = 1$ 所表示的曲线类型．

6. 求双曲线 $y^2 - \frac{x^2}{2} = 1$ 的焦点和顶点的坐标、离心率、渐近线及准线方程．

7. 求抛物线 $y = ax^2 (a \neq 0)$ 的焦点坐标和准线方程．

8. 直线 $x-2y+2=0$ 与椭圆 $x^2+4y^2=4$ 相交于 A,B 两点，求 A,B 两点的距离.

9. 已知点 M 到椭圆 $\dfrac{x^2}{25}+\dfrac{y^2}{9}=1$ 的右焦点的距离与到直线 $x=6$ 的距离相等，求点 M 的轨迹方程.

10. 求与双曲线 $\dfrac{x^2}{5}-\dfrac{y^2}{3}=1$ 有公共渐近线、且焦距为 8 的双曲线方程.

B 组

11. 若直线 l 过抛物线 $y^2=4x$ 的焦点，与抛物线交于 A,B 两点，且线段 AB 中点的横坐标为 2，求线段 AB 的长.

12. 直线 $y=x-2$ 与抛物线 $y^2=2x$ 相交于点 A,B. 求证：$OA\perp OB$（O 为坐标原点）.

13. 已知直线 $y=x+b$ 与抛物线 $x^2=2y$ 交于 A,B 两点，且 $OA\perp OB$（O 为坐标原点），求 b 的值.

14. 求证：等轴双曲线上任一点到对称中心的距离是它到两焦点距离的等比中项.

15. 在抛物线 $y^2=2x$ 上求一点，使它到焦点 F 与到点 $(2,1)$ 的距离之和最小.

（四）圆锥曲线的光学性质及简单的应用

一只很小的灯泡发出的光,会分散地射向各方,但把它装在圆柱形手电筒里,经过适当调节,就能射出一束比较强的平行光线,这是为什么呢?

原来手电筒内,在小灯泡后面有一个反光镜,镜面的形状是一个由抛物线绕它的轴旋转所得到的曲面(图 12-4-4),叫做抛物面.人们已经证明,抛物线有一条重要性质:从焦点发出的光线,经过抛物线上的点反射后,反射光线平行于抛物线的轴.平时我们看到的探照灯(图 12-4-5)也是利用这个原理设计的.

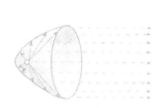

图 12-4-4

图 12-4-5

运用抛物线的这个性质,也可以使一束平行于抛物线的轴的光线,经过抛物线的反射集中于它的焦点.人们应用这个原理设计了一种加热水和食物的太阳灶(图 12-4-6).在这种太阳灶上装有一个旋转抛物面形的反光镜,当它的轴与太阳光线平行时,太阳光线经过反射后集中于焦点处,这一点的温度就

图 12-4-6

会很高.

椭圆和双曲线的光学性质与抛物线不同.从椭圆的一个焦点发出的光线,经过椭圆反射后,反射光线交于椭圆的另一个焦点上(图 12 - 4 - 7);从双曲线的一个焦点发出的光线,经过双曲线发射后,反射光线是散开的,它们就好像是从另一个焦点射出的一样(图 12 - 4 - 8).椭圆、双曲线的光学性质也被人们广泛地应用于各种设计中.

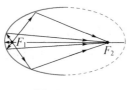

图 12 - 4 - 7

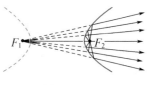

图 12 - 4 - 8

如图 12 - 4 - 9,电影放映机的聚光灯有一个反光镜,它的形状是旋转椭圆面.为了使卡门处获得最强的光线,灯丝 F_2 与卡门 F_1 应位于椭圆的两个焦点处,这就是利用椭圆光学性质的一个实例.

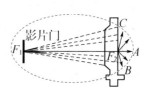

图 12 - 4 - 9

椭球面的这一性质还被用于一种称为碎石机的现代医疗仪器上,运用高能冲击波击碎肾结石.经过准确的测量,将病人的结石置于焦点处,而高频冲击波从另一个焦点处射出,经反射的冲击波可击碎焦点处的结石.用此项医疗技术治疗只需 3~4 天的恢复时间,而普通外科手术治疗约需 2~3 周.更值得一提的是,其治疗是死亡率仅为 0.01%,而传统外科手术约为 2%~3%.

椭球面的这一性质还被用于军事领域.航空母舰在搜索水下潜艇时可用其对潜艇进行搜索定位,方法是安装声纳系统.

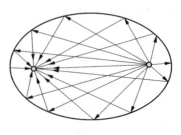

图 12 - 4 - 10

*12.5　曲线和方程

在这一章中，我们研究了圆锥曲线的方程，讨论了圆锥曲线和二元二次方程的关系. 下面，我们来总结一下一般曲线（包括直线）和方程的关系.

12.5.1　曲线和方程

我们知道，两坐标轴所成的角在第一、三象限的平分线的方程是 $x - y = 0$，就是说，如果点 $M(x_0, y_0)$ 是这条直线上的任意一点，它到两坐标轴的距离一定相等，即 $|x_0| = |y_0|$. 因为 x_0 与 y_0 同号，所以 $x_0 = y_0$，那么它的坐标 (x_0, y_0) 是方程 $x - y = 0$ 的解；反过来，如果 (x_0, y_0) 是方程 $x - y = 0$ 的解，即 $x_0 = y_0$，则 $|x_0| = |y_0|$，那么以这个解为坐标的点到两轴的距离相等，它一定在这条平分线上. 这样，我们就说 $x - y = 0$ 就是这条平分线的方程（图 $12 - 5 - 1$）.

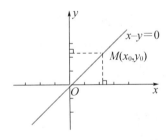

图 $12 - 5 - 1$

又如，前面我们学过方程 $\dfrac{x^2}{a^2} + \dfrac{y^2}{b^2} = 1 (a > b > 0)$ 的图象是关于坐标轴对称的椭圆. 这个椭圆是所有以方程 $\dfrac{x^2}{a^2} + \dfrac{y^2}{b^2} = 1 (a > b > 0)$ 的解为坐标的点组成的. 这就是说，如果 $M(x_0, y_0)$ 是椭圆上的点，那么 (x_0, y_0) 一定是这

个方程的解；反过来，如果 (x_0,y_0) 是方程 $\dfrac{x^2}{a^2}+\dfrac{y^2}{b^2}=1$ $(a>b>0)$ 的解，那么以它为坐标的点一定在这个椭圆上．这样，我们就说 $\dfrac{x^2}{a^2}+\dfrac{y^2}{b^2}=1$ $(a>b>0)$ 是这个椭圆的方程(图 12-5-2)．

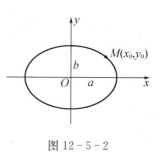

图 12-5-2

一般地，在直角坐标系中，如果某曲线 C(看做适合某种条件的点的集合或轨迹)上的点与一个二元方程 $f(x,y)=0$ 的实数解建立了如下的关系：

(1) **曲线上的点的坐标都是这个方程的解**；

(2) **以这个方程的解为坐标的点都是曲线上的点**，那么，这个方程叫做**曲线的方程**；这条曲线叫做**方程的曲线**．

建立了曲线的方程、方程的曲线的概念，利用这两个重要概念，我们就可以借助于坐标系，用坐标表示点，把曲线看成满足某种条件的点的集合或轨迹，用曲线上点的坐标 (x,y) 所满足的方程 $f(x,y)=0$ 表示曲线，通过研究方程的性质间接研究曲线的性质．我们把这种借助坐标系研究几何图形的方法叫做**坐标法**(method of coordinate)．因此可以说，解析几何是一门用代数方法研究几何问题的数学学科．

平面解析几何研究的主要问题是：

(1) 根据已知条件，求出表示平面曲线的方程；

(2) 通过方程，研究平面曲线的性质．

例 1 点 M 与两条互相垂直的直线的距离的积是常数 $k(k>0)$，求点 M 的轨迹方程．

解 取已知两条互相垂直的直线为坐标轴，建立直角坐标系(图 12-5-3)．

设点 M 的坐标为 (x,y)．点 M 的轨迹就是与坐标轴的距离的积是常数 k 的点的集合 $P=\{M\mid |MR|\cdot|MQ|=$

$k\}$，其中 Q,R 分别是点 M 到 x 轴、
y 轴的垂线的垂足.

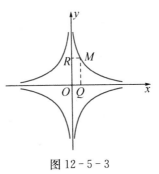

图 $12-5-3$

因为点 M 到 x 轴、y 轴的距离
分别是它的纵坐标和横坐标的绝
对值，所以条件 $|MR|\cdot|MQ|=k$
可写成 $|x|\cdot|y|=k$，

即　　　　　　$xy=\pm k.$

下面我们证明该方程是所求轨迹的方程：

（1）由上面求方程的过程可知，曲线上的点的坐标都
是该方程的解；

（2）设点 M_1 的坐标 (x_1,y_1) 是该方程的解，那么 x_1y_1
$=\pm k$，

即　　　　　　$|x_1||y_1|=k.$

而 $|x_1|,|y_1|$ 正是点 M_1 到纵轴、横轴的距离，因此点 M_1
到这两条直线的距离的积是常数 k，点 M_1 是曲线上的点.

由（1）（2）可知，该方程是所求轨迹的方程. 图形如图
$12-5-3$.

由上面的例子可以看出，求曲线（图形）的方程，一般
有下面几个步骤：

（1）建立适当的直角坐标系，用 (x,y) 表示曲线上任
意一点 M 的坐标；

（2）写出适合条件 p 的点 M 的集合 $P=\{M\mid p(M)\}$；

（3）用坐标表示条件 $p(M)$，列出方程 $f(x,y)=0$；

（4）化方程 $f(x,y)=0$ 为最简形式；

（5）证明以化简后的方程的解为坐标的点都是曲线
上的点.

除个别情况外，
化简过程都是同解
变形过程，步骤（5）
可以省略不写，如有
特殊情况，可适当予
以说明. 另外，根据
情况，也可以省略步
骤（2），直接列出曲
线方程.

例2　已知一条曲线在 x 轴的上方，它上面的每一点
到点 $A(0,2)$ 的距离减去它到 x 轴的距离的差都是 2，求这
条曲线的方程.

解　设点 $M(x,y)$ 是曲线上任意一点，$MB\perp x$ 轴，垂

足是 B(图 $12-5-4$). 那么点 M 属于集合 $P = \{M \big| \ |MA| - |MB| = 2\}$.

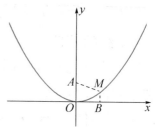

图 $12-5-4$

由距离公式, 点 M 适合的条件可表示为

$$\sqrt{x^2 + (y-2)^2} - y = 2.$$

将上式移项后两边平方, 得

$$x^2 + (y-2)^2 = (y+2)^2,$$

化简, 得 $y = \dfrac{1}{8}x^2$.

因为曲线在 x 轴的上方, 所以 $y > 0$, 虽然原点 O 的坐标 $(0,0)$ 是这个方程的解, 但不属于已知曲线, 所以曲线的方程应是 $y = \dfrac{1}{8}x^2 (x \neq 0)$, 它的图形是关于 y 轴对称的抛物线(图 $12-5-4$), 但缺一个顶点.

例 3 如图 $12-5-5$, 设点 A, B 的坐标分别为 $(-5, 0)$, $(5, 0)$. 直线 AM, BM 相交于点 M, 且它们的斜率之积是 $-\dfrac{4}{9}$, 求点 M 的轨迹方程.

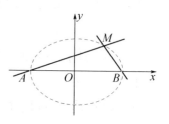

图 $12-5-5$

解 设点 M 的坐标为 (x, y), 因为点 A 的坐标是 $(-5, 0)$, 所以直线 AM 的斜率 $k_{AM} = \dfrac{y}{x+5} (x \neq -5)$.

同理, 直线 BM 的斜率 $k_{BM} = \dfrac{y}{x-5} (x \neq 5)$.

由已知, 得 $\dfrac{y}{x+5} \cdot \dfrac{y}{x-5} = -\dfrac{4}{9} (x \neq \pm 5)$.

化简, 得点 M 的轨迹方程为

$$\frac{x^2}{25}+\frac{y^2}{\frac{100}{9}}=1(x\neq\pm5).$$

它的图形是长半轴长为 5、短半轴长为 $\frac{10}{3}$ 的椭圆,但缺两个顶点 A,B.

1. 已知点 M 到 x 轴、y 轴的距离的乘积等于 1,求点 M 的轨迹方程.

2. 已知点 M 与 x 轴的距离和它与点 $F(0,4)$ 的距离相等,求点 M 的轨迹方程.

12.5.2　曲线的交点

由曲线方程的定义可知,两条曲线交点的坐标应该是两个曲线方程的公共实数解,即两个曲线方程组成的方程组的实数解;反过来,方程组有几个实数解,两条曲线就有几个交点,方程组没有实数解,两条曲线就没有交点.即两条曲线有交点的充要条件是它们的方程所组成的方程组有实数解.可见,求曲线的交点的问题,就是求由它们的方程组成的方程组的实数解的问题.

例 4　求直线 $x+y-1=0$ 被椭圆 $\frac{x^2}{4}+y^2=1$ 截得的线段 AB 的长.

解　先求交点.

解方程组 $\begin{cases} x+y-1=0, \\ \dfrac{x^2}{4}+y^2=1. \end{cases}$

得 $\begin{cases} x_1=0, \\ y_1=1; \end{cases}$ $\begin{cases} x_2=\dfrac{8}{5}, \\ y_2=-\dfrac{3}{5}. \end{cases}$

所以交点 A, B 的坐标分别是 $(0, 1), \left(\dfrac{8}{5}, -\dfrac{3}{5}\right)$.

直线被椭圆截得的线段长

$$|AB| = \sqrt{\left(0 - \dfrac{8}{5}\right)^2 + \left(1 + \dfrac{3}{5}\right)^2} = \dfrac{8}{5}\sqrt{2}.$$

例 5　在长、宽分别为 $20\,\text{m}, 12\,\text{m}$ 的矩形地块内,欲设计建造一个花边的小花园,花园的边由两个椭圆组成(如图 $12 - 5 - 6$),试确定两个椭圆的四个交点的位置.

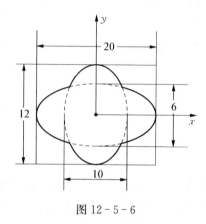

图 $12 - 5 - 6$

解　建立如图所示的直角坐标系,根据题意,两个椭圆的方程分别为

$$\dfrac{x^2}{100} + \dfrac{y^2}{9} = 1 \ \text{和} \ \dfrac{x^2}{25} + \dfrac{y^2}{36} = 1.$$

解方程组 $\begin{cases} \dfrac{x^2}{100} + \dfrac{y^2}{9} = 1, \\ \dfrac{x^2}{25} + \dfrac{y^2}{36} = 1, \end{cases}$

得到 $\begin{cases} x = \pm 2\sqrt{5}, \\ y = \pm \dfrac{6\sqrt{5}}{5}. \end{cases}$

所以两个椭圆的四个交点坐标分别为

$$\left(2\sqrt{5}, \dfrac{6\sqrt{5}}{5}\right), \left(2\sqrt{5}, -\dfrac{6\sqrt{5}}{5}\right), \left(-2\sqrt{5}, \dfrac{6\sqrt{5}}{5}\right), \left(-2\sqrt{5}, -\dfrac{6\sqrt{5}}{5}\right)$$

根据上述坐标可以在矩形地块内确定交点的位置.

1. 求直线 $2x + 3y - 8 = 0$ 与曲线 $xy = 2$ 的交点.

2. 若直线 $y = mx + 1$ 与椭圆 $x^2 + 4y^2 = 1$ 恰有一个公共点,求 m 的值.

习题 12.5

1. 设 A,B 两点的坐标是 $(-1,-1)$,$(3,7)$,求线段 AB 垂直平分线的方程.

2. 点 M 到点 $A(4,0)$ 和点 $B(-4,0)$ 的距离的和为 12,求点 M 的轨迹方程.

3. 一个点到 $(4,0)$ 的距离等于它到 y 轴的距离,求这个点的轨迹方程.

4. 一动点 $P(x,y)$ 到点 $A(2,1)$ 的距离与它到直线 $l:y+2=0$ 的距离相等,求动点 P 的轨迹方程.

5. 已知抛物线 $y = x^2$ 与直线 $y = ax + 5(a \in \mathbf{R})$ 交于 A,B 两点,A,B 两点的横坐标分别为 x_1,x_2.

(1) 求 $x_1 + x_2$,$|x_1 - x_2|$,$|AB|$;

(2) 当 a 取何值时,$|AB|$ 的长最短?

6. 直线 $y = x + m$ 与椭圆 $\dfrac{x^2}{16} + \dfrac{y^2}{9} = 1$ 有两个交点,求 m 的取值范围.

7. 已知直线 $y = -x + 1$ 与曲线 $y^2 = 2x$ 相交于 A,B 两点,求 AB 中点的坐标.

*12.6 坐标变换

点的坐标和曲线的方程是对一定的坐标系来说的.例如,图 12-6-1 中 $\odot O'$ 的圆心 O',在坐标系 xOy 中的坐标是 $(3,2)$,$\odot O'$ 的方程是 $(x-3)^2 + (y-2)^2 = 5^2$;如果

取坐标系 $x'O'y'(O'x' \parallel Ox,$ $O'y' \parallel Oy)$，那么在这个坐标系中，它们就分别变成 $(0,0)$ 和 $x'^2 + y'^2 = 5^2$. 这就是说，对于同一点或者同一曲线，由于选取的坐标系不同，点的坐标或曲线的方程也不同. 从上面的例子我们看出，把一个坐标系变换为另

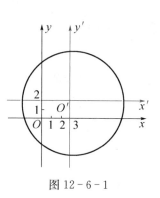

图 12-6-1

一个适当的坐标系，可以使曲线的方程简化，便于我们研究曲线的性质.

12.6.1 坐标轴的平移

坐标轴的方向和长度单位都不改变，只改变原点的位置，这种坐标系的变换叫做**坐标轴的平移**（translation of axis），简称**移轴**.

下面研究在平移情况下，同一个点在两个不同的坐标系中坐标之间的关系.

设 O' 在原坐标系 xOy 中的坐标为 (h, k)，以 O' 为原点平移坐标轴，建立新坐标系 $x'O'y'$. 设平面内任意一点 M 在原坐标系中的坐标为 (x, y)，在新坐标系中的坐标为 (x', y')，点 M 到 x 轴、y 轴的垂线的垂足分别是 M_1, M_2. 从图 12-6-2 可以看出

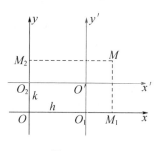

图 12-6-2

$$x = OO_1 + O_1M_1 = h + x',$$

$$y = OO_2 + O_2M_2 = k + y'.$$

因此，点 M 的原坐标、新坐标之间，有下面的关系

$$x = x' + h, y = y' + k, \qquad ①$$

或者写成 $\qquad x' = x - h, y' = y - k.$ ②

公式①②叫做**平移（移轴）公式**.

例1 平移坐标轴,把原点移到 $O'(3, -4)$（图 12-6-3）,求下列各点的新坐标:$O(0,0)$,$A(3, -4)$,$B(5,2)$,$C(3, -2)$.

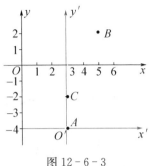

图 12-6-3

解 把已知各点的原坐标分别代入 $x' = x - 3$, $y' = y + 4$,便得到它们的新坐标:$O(-3, 4)$,$A(0, 0)$,$B(2, 6)$,$C(0, 2)$.

例2 平移坐标轴,把原点移到 $O'(2, -1)$,求下列曲线关于新坐标系的方程,并且画出新坐标轴和曲线:

(1) $x = 2$;

(2) $y = -1$;

(3) $\dfrac{(x-2)^2}{9} + \dfrac{(y+1)^2}{4} = 1$.

解 因为坐标系的改变,曲线上每一点的坐标都相应地改变,所以,曲线的方程也要随之改变. 设曲线上任意一点的新坐标为 (x', y'),那么

$$x = x' + 2, y = y' - 1.$$

代入原方程,就得到新方程:

(1) $x' = 0$.

(2) $y' = 0$.

(3) $\dfrac{x'^2}{9} + \dfrac{y'^2}{4} = 1$.

新坐标轴和曲线如图 12-6-4.

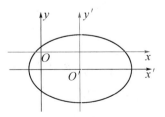

图 12-6-4

练一练

---

1. 平移坐标轴,把原点移到 $O'(4,5)$,求下列各点的新坐标.
$A(3,-6),B(7,0),C(-4,5),D(0,-8)$.

2. 平移坐标轴,把原点移到 $O'(2,-3)$.

求 $x^2+y^2-4x+6y-3=0$ 在新坐标系中的方程,并画出新坐标轴和图形.

12.6.2 利用坐标轴的平移化简二元二次方程

在前一节我们已看到,适当地平移坐标轴可以化简曲线的方程. 现在,我们研究如何选择新坐标系来化简方程. 先看下面的例子:

例 3 平移坐标轴,化简方程 $4x^2+9y^2+16x-18y-11=0$,并画出新坐标系和方程的曲线.

解 把 $x=x'+h,y=y'+k$ 代入方程,得

$$4(x'+h)^2+9(y'+k)^2+16(x'+h)-18(y'+k)-11=0.$$

即

$$4x'^2+9y'^2+(8h+16)x'+(18k-18)y'+4h^2+9k^2+16h-18k-11=0. \qquad ①$$

> 利用坐标轴的平移来化简方程,关键在于选择新原点 $O'(h,k)$ 的适当位置,即确定 h,k 的值.

令 $8h+16=0,18k-18=0$.

解得 $h=-2,k=1$.

代入方程①,得

$$4x'^2+9y'^2=36,$$

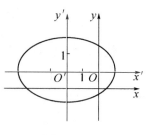

图 12-6-5

这是椭圆. 新坐标系下的方程所示曲线如图 12-6-5.

上面的例子说明,对于缺 xy

项的二元二次方程 $Ax^2 + Cy^2 + Dx + Ey + F = 0(A,C$ 不同时为零$)$，利用坐标轴平移，可以使新方程没有一次项（或没有一个一次项和常数项），从而化成圆锥曲线的标准方程. 但上面用的待定系数法往往不如从原方程配方开始简单.

例 4 求圆锥曲线 $y^2 - 6x + 4y + 10 = 0$ 的顶点和焦点坐标，对称轴和准线方程以及离心率.

解 将原方程配方，得

$$(y+2)^2 = 6(x-1). \qquad ①$$

令 $x' = x-1, y' = y+2,$（由此得 $h=1, k=-2$）代入方程①，得 $y'^2 = 6x'$.

在新坐标系中，抛物线的顶点是 $(0,0)$，焦点是 $\left(\dfrac{3}{2}, 0\right)$，对称轴是 $y' = 0$，准线方程是 $x' = -\dfrac{3}{2}$，离心率 $e=1$.

因此在原坐标系中，抛物线的顶点是 $(1,-2)$，焦点是 $\left(\dfrac{5}{2}, -2\right)$，对称轴是 $y = -2$，准线方程是 $x = -\dfrac{1}{2}$，离心率 $e=1$.

例 5 求下列圆锥曲线的方程.

（1）椭圆长轴的两端点坐标是 $(4,-2), (-2,-2)$，$c = \sqrt{5}$.

（2）双曲线的焦点坐标是 $(2,2), (2,-4)$，实半轴长 $a=2$.

（3）抛物线的焦点坐标是 $(-3,3)$，准线方程是 $y+1=0$.

解 （1）设椭圆的中心为 (x_0, y_0). 由题意，得

$$x_0 = \frac{4-2}{2} = 1, \quad y_0 = \frac{-2-2}{2} = -2 (即 h=1, k=-2).$$

解此类题关键是对照图形，将坐标轴平移，使新原点是椭圆、双曲线的中心或抛物线的顶点，进一步求出其方程.

因为长轴的两端点坐标是 $(4,-2),(-2,-2)$,可知焦点在 x' 轴上,所以设所求椭圆方程为 $\dfrac{(x-1)^2}{a^2}+\dfrac{(y+2)^2}{b^2}=1$,且 $2a=\sqrt{(4+2)^2+(-2+2)^2}=6$,得 $a=3$.

又因为 $c=\sqrt{5}$,所以 $b=\sqrt{a^2-c^2}=\sqrt{9-5}=2$.

故所求的椭圆方程为 $\dfrac{(x-1)^2}{9}+\dfrac{(y+2)^2}{4}=1$.

(2) 设双曲线的中心为 (x_0,y_0). 由题意,得

$$x_0=\frac{2+2}{2}=2,y_0=\frac{2-4}{2}=-1(即\ h=2,k=-1).$$

因为双曲线的焦点坐标是 $(2,2),(2,-4)$,可知焦点在 y' 轴上,所以设所求双曲线方程为 $\dfrac{(y+1)^2}{a^2}-\dfrac{(x-2)^2}{b^2}=1$,且 $2c=\sqrt{(2-2)^2+(2+4)^2}=6$,即 $c=3$.

又因为 $a=2$,所以 $b=\sqrt{c^2-a^2}=\sqrt{9-4}=\sqrt{5}$.

故所求双曲线的方程为 $\dfrac{(y+1)^2}{4}-\dfrac{(x-2)^2}{5}=1$.

(3) 设抛物线的顶点为 (x_0,y_0).

由题意,可设抛物线的方程为 $(x-x_0)^2=2p(y-y_0)$.

因为焦点到准线的距离 $p=3-(-1)=4$,

所以 $x_0=-3,y_0=\dfrac{3-1}{2}=1(即\ h=-3,k=1)$.

故所求的抛物线方程为 $(x+3)^2=8(y-1)$.

1. 经过怎样的坐标变换,可以把方程 $x^2+y^2-6x+12y-4=0$ 化为没有一次项的新方程?

2. 化简方程 $y=\dfrac{1}{2}x^2+x+\dfrac{5}{2}$,并画出它的图形.

习题 12.6

1. (1) 平移坐标轴,把原点分别移到何处,点的坐标变化如下?

$A(1,0) \to A(4,3)$;$B(2,4) \to B(2,-3)$.

(2) 经过坐标轴平移,把原点移到 $O'(3,-2)$ 后,A,B,C,D 各点的新坐标分别是 $(0,2),(-3,0),(-1,3),(1,1)$,求它们的原坐标,并画出新坐标轴和各点.

2. 平移坐标轴,把原点移到 O',求下列各直线或曲线的新方程,并画出新坐标轴和图形.

(1) $y = 3, O'(-2,1)$;

(2) $3x - 4y = 6, O'(3,0)$;

(3) $x^2 + y^2 - 4x - 2y = 0, O'(2,1)$;

(4) $x^2 + 6x - y + 11 = 0, O'(-3,2)$.

3. 平移坐标轴化简方程.

(1) $x^2 + y^2 + 4x + 8y - 5 = 0$;

(2) $x^2 + 2y^2 - 4x + 8y - 4 = 0$;

(3) $4x^2 - 9y^2 + 16x - 54y - 29 = 0$;

(4) $x^2 - 4x - y + 5 = 0$.

4. 求下列椭圆的长轴和短轴的长,焦距,中心、焦点和顶点的坐标,离心率以及准线方程.

(1) $x^2 + 4y^2 - 4x + 3 = 0$;

(2) $9x^2 + 4y^2 - 36x + 24y + 36 = 0$.

5. 求下列双曲线的实轴和虚轴的长,焦距,中心、焦点和顶点的坐标,离心率以及准线和渐近线方程.

(1) $x^2 - 2y^2 + 2x + 12y - 19 = 0$;

(2) $4x^2 - 9y^2 + 16x - 54y - 29 = 0$.

6. 求下列抛物线的顶点坐标,对称轴和准线方程.

(1) $y^2 + 2y + 3x - 2 = 0$;

(2) $x^2 - 4x + 4y = 0$.

7. 求下列椭圆方程.

(1) 短轴的两端点坐标是 $(-2,3),(-2,-1),c = \sqrt{5}$;

(2) 焦点为 $F_1(2,5), F_2(2,-1)$,且长轴长为 10.

8. 求下列双曲线方程.

(1) 实轴长为 $2\sqrt{3}$,焦点坐标是$(0,0),(4,0)$;

(2) 顶点为 $A_1(2,-1),A_2(2,5)$,且它的一条渐近线与直线 $3x-4y=0$ 平行.

9. 求下列抛物线方程.

(1) 顶点坐标是$(1,3),p=\dfrac{5}{4}$,准线平行于 y 轴;

(2) 焦点是 $F(3,3)$,准线方程是 $x-1=0$.

*12.7 参数方程

前面我们所研究的曲线方程 $F(x,y)=0$,都是表示曲线上任意一点 x,y 之间的关系的. 但是有时候,对于曲线上任意点,它们的坐标 x,y 的这种关系往往不容易发现,而通过另一个变数间接地表示 x,y 之间的关系却比较方便.

12.7.1 曲线的参数方程

设圆 O 的圆心在原点,半径是 r,圆 O 与 x 轴的正半轴的交点是 P_0(图 $12-7-1$).

设点在圆 O 上从点 P_0 开始按逆时针方向运动到达点 P,$\angle P_0OP$ $=\theta$. 我们看到,点 P 的位置与旋转角 θ 有密切的关系. 当 θ 确定时,点

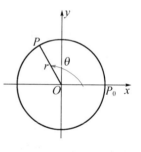

图 $12-7-1$

P 在圆 O 上的位置也随着确定;当 θ 变化时,点 P 在圆 O 上的位置也随着变化. 如果点 P 的坐标是(x,y),根据三角函数的定义,点 P 的横坐标 x、纵坐标 y 都是 θ 的函数,即

$$\begin{cases} x=r\cos\theta, \\ y=r\sin\theta, \end{cases} \qquad ①$$

并且对于 θ 的每一个允许值,由方程组①所确定的点

$P(x,y)$ 都在圆 O 上.

这就是说,当 θ 确定时,点 $P(x,y)$ 的位置也就确定了.这样建立 θ 与 x,y 之间的关系不仅方便,而且还可以反映变数的实际意义.

一般地,在取定的坐标系中,如果曲线上任意一点的坐标 x,y 都是某个变数 t 的函数

$$\begin{cases} x = f(t), \\ y = g(t), \end{cases} \qquad ②$$

并且对于 t 的每一个允许值,由方程组②所确定的点 $P(x,y)$ 都在这条曲线上,那么方程组②就叫做这条曲线的**参数方程**(parametric equation).联系 x,y 之间关系的变数叫做**参变数**,简称**参数**(parameter).参数方程中的参数可以是物理、几何意义的变数,也可以是没有明显意义的变数.

相对于参数方程来说,前面学过的直接给出曲线上点的坐标关系的方程,叫做曲线的**普通方程**.

例 1 如图 12 - 7 - 2,以原点 O 为圆心,分别以 $a,b(a>b)$ 为半径作两个圆.点 B 是大圆半径 OA 与小圆的交点,过点 A 作 $AN \perp Ox$,垂足为 N,过点 B 作 $BM \perp AN$,垂足为 M.求当半径 OA 绕点 O 旋转时,点 M 的轨迹的参数方程.

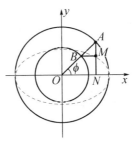

图 12 - 7 - 2

解 设点 M 的坐标是 (x,y),ϕ 是以 Ox 为始边,OA 为终边的正角,取 ϕ 为参数,那么

$$\begin{cases} x = ON = |OA| \cos\phi, \\ y = NM = |OB| \sin\phi. \end{cases}$$

即

$$\begin{cases} x = a\cos\phi, \\ y = b\sin\phi. \end{cases}$$

这就是所求点 M 的轨迹的参数方程(图形是一个椭圆).

例2 求经过点 $M_0(x_0, y_0)$，倾斜角为 α 的直线 l 的参数方程.

解 设点 $M(x, y)$ 是直线 l 上任意一点，过点 M 作 y 轴的平行线，过点 M_0 作 x 轴的平行线，两直线相交于点 Q. 规定直线 l 向上的方向为正方向(图 12-7-3)：

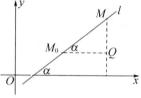

图 12-7-3

当 $\overrightarrow{M_0M}$ 与 l 同方向，或两点 M, M_0 重合时，因 $M_0M = |M_0M|$，由三角函数定义，有 $M_0Q = M_0M\cos\alpha$，$QM = M_0M\sin\alpha$.

当 $\overrightarrow{M_0M}$ 与 l 反方向时，M_0M, M_0Q, QM 同时改变符号，上式仍然成立.

设 $M_0M = t$，取 t 为参数.

因为 $M_0Q = x - x_0$，

$\qquad QM = y - y_0$，

所以 $x - x_0 = t\cos\alpha$，

$y - y_0 = t\sin\alpha$，

即 $\begin{cases} x = x_0 + t\cos\alpha, \\ y = y_0 + t\sin\alpha. \end{cases}$

这就是所求直线 l 的参数方程.

1. 已知圆 O 的参数方程是 $\begin{cases} x = 5\cos\theta, \\ y = 5\sin\theta. \end{cases} (0 \leqslant \theta < 2\pi)$.

(1) 如果圆上点 P 所对应的参数 $\theta = \dfrac{5\pi}{3}$，则点 P 的坐标是

_____；

(2) 如果圆上点 Q 的坐标是 $\left(-\dfrac{5}{2}, \dfrac{5\sqrt{3}}{2}\right)$，则点 Q 所对应的参数 θ 等于 _____.

2. 已知一条直线上两点 $M_1(x_1, y_1)$，$M_2(x_2, y_2)$，以分点 $M(x, y)$ 分 $\overrightarrow{M_1M_2}$ 所成的比 λ 为参数，写出直线的参数方程.

12.7.2　参数方程和普通方程的互化

参数方程和普通方程是曲线方程的不同形式,它们都表示曲线上点的坐标之间的关系. 一般情况下,我们可以通过消去参数方程中的参数,得出直接表示 x,y 之间的关系的普通方程;也可以选择一个参数将普通方程变成参数方程的形式. 如果参数选择得适当,方程可能比较简单或者较明显地反映出物理、几何意义.

例 3　把参数方程 $\begin{cases} x = 6 + 2\cos\theta, \\ y = 3 + 2\sin\theta \end{cases}$ 化为普通方程.

这是以点 $(6,3)$ 为圆心、2 为半径的圆的参数方程.

解　分别将两方程变形,得

$$\begin{cases} x - 6 = 2\cos\theta, \\ y - 3 = 2\sin\theta. \end{cases}$$

将两方程的两边平方后相加,得 $(x-6)^2 + (y-3)^2 = 4$.

例 4　把参数方程 $\begin{cases} x = a\cos\phi, \\ y = b\sin\phi \end{cases}$ $(a > b > 0)$ 化为普通方程.

这是中心在原点、焦点在 x 轴上的椭圆的参数方程.

解　分别将两方程变形,得

$$\begin{cases} \dfrac{x}{a} = \cos\phi, \\[2mm] \dfrac{y}{b} = \sin\phi. \end{cases}$$

将两方程的两边平方后相加,得

$$\frac{x^2}{a^2} + \frac{y^2}{b^2} = 1.$$

例 5　化直线的点斜式方程 $y - y_0 = \tan\alpha(x - x_0)$ 为参数方程.

这是经过点 P_0 (x_0, y_0)、倾斜角为 α 的直线的参数方程.

解　将直线的点斜式方程变形为

$$\frac{y-y_0}{\sin\alpha}=\frac{x-x_0}{\cos\alpha}.$$

设上述比值为 t，取 t 为参数，得

$$\begin{cases}\dfrac{x-x_0}{\cos\alpha}=t,\\[2mm]\dfrac{y-y_0}{\sin\alpha}=t.\end{cases}$$

即
$$\begin{cases}x=x_0+t\cos\alpha,\\ y=y_0+t\sin\alpha.\end{cases}$$

1. 把下列参数方程（ϕ,t 是参数）化成普通方程，并说明它们各表示什么曲线.

(1) $\begin{cases}x=\cos\phi,\\ y=\sin\phi;\end{cases}$ (2) $\begin{cases}x=2pt^2,\\ y=2pt;\end{cases}(p>0)$

(3) $\begin{cases}x=x_1+at,\\ y=y_1+bt.\end{cases}$

2. 根据所给条件，把下列各方程化成参数方程.

(1) $xy=a^2$，设 $x=a\tan\phi$，ϕ 是参数；

(2) $\dfrac{x^2}{a^2}-\dfrac{y^2}{b^2}=1$，设 $y=b\tan\phi$，ϕ 是参数.

习题 12.7

1. 设 $x=2\cos\phi$，ϕ 是参数，求椭圆 $4x^2+y^2=16$ 的参数方程.

2. 动点 M 作匀速直线运动，它在 x 轴和 y 轴上的分速度分别为 9 和 12，运动开始时，点 M 位于点 $A(1,1)$，求点 M 的轨迹的参数方程.

3. 写出经过点 $M(1,5)$、倾斜角是 $\dfrac{\pi}{3}$ 的直线的参数方程.

4. 一颗人造地球卫星的运行轨道是一个椭圆，长轴长为 15 565 km，短轴长为 15 443 km，取椭圆中心为坐标原点，求卫星轨

道的参数方程.

5. 如图,已知点 $A(12,0)$,点 P 是圆 $x^2 + y^2 = 16$ 上的一个动点,当点 P 在圆上运动时,求线段 PA 的中点 M 的轨迹方程.

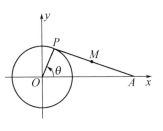

（第 5 题）

6. 把下列参数方程化成普通方程(其中 t, ϕ 为参数),并说明各表示什么曲线.

(1) $\begin{cases} x = 3 - 2t, \\ y = -1 - 4t; \end{cases}$
(2) $\begin{cases} x = 4\cos\phi, \\ y = 3\sin\phi; \end{cases}$

(3) $\begin{cases} x = \sqrt{t}, \\ y = t; \end{cases}$
(4) $\begin{cases} x = \dfrac{a}{2}\left(t + \dfrac{1}{t}\right), \\ y = \dfrac{b}{2}\left(t - \dfrac{1}{t}\right). \end{cases}$

7. 根据所给的条件,化下列方程为参数方程(其中 t, ϕ 为参数).

(1) $y^2 = 4x^2 - 5x^3$, $y = tx$;

(2) $4x^2 + y^2 - 16x + 12 = 0$, $y = 2\sin\phi$.

8. (1) 求椭圆 $\begin{cases} x = 4\cos\theta \\ y = 6\sin\theta \end{cases}$ (θ 为参数) 的准线方程;

(2) 求抛物线 $\begin{cases} x = 3 + 2\cos\theta \\ y = \cos 2\theta \end{cases}$ (θ 为参数) 的焦点坐标.

*12.8　极坐标

用一对有序实数确定平面上一点的位置,除了利用已经学过的平面直角坐标系外,还有没有其他方法呢? 下面我们来看两个例子:若有人问路,我们说:"沿着西北方向走三里路就到了."在夏季,中央气象台发布台风消息时常有这样的话:"台风中心在我国某省某市东南方向大约 220 km 的海面上."从这两个例子中我们发现一个共同点:可以用一个长度和一个角度这一对数值来确定平面上一点的位置,这种方法叫做极坐标法.与直角坐标法一样,极坐标法也是一种常用的坐标法. 下面研究如何利用角和长度来建立坐标系.

12.8.1 极坐标系

在平面内取一个定点 O,叫做**极点**(pole of coordinate system),引一条射线 Ox,叫做**极轴**(polar axis),再选定一个长度单位和角度的正方向(通常取逆时针方向)(图 12-8-1). 对于平面内任意一点 M,用 ρ 表示线段 OM 的长度,θ 表示从 Ox 到 OM 的角度,ρ 叫做点 M 的**极径**(polar distance),θ 叫做点 M 的**极角**(polar angle),有序数对 (ρ,θ) 就叫做点 M 的**极坐标**(polar coordinates).

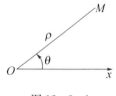

图 12-8-1

这样建立的坐标系叫做**极坐标系**(system of polar coordinates). 极坐标为 ρ,θ 的点 M,可表示为 $M(\rho,\theta)$.

当点 M 在极点时,它的极坐标 $\rho=0$,θ 可以取任意值.

如图 12-8-2,在极坐标系中,A,B,C,D,E,F,G 各点的极坐标分别是 $(4,0)$,$\left(2,\dfrac{\pi}{4}\right)$,$\left(3,\dfrac{\pi}{2}\right)$,$\left(2,\dfrac{5\pi}{6}\right)$,$(3.5,\pi)$,$\left(6,\dfrac{4\pi}{3}\right)$,$\left(5,\dfrac{5\pi}{3}\right)$. 角也可以取负值,例如,点 B,

> 建立极坐标系的要素是:极点、极轴、长度单位、角度单位和它的正方向,四者缺一不可.

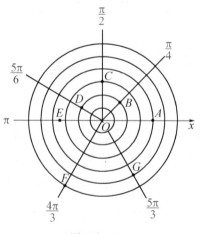

图 12-8-2

D, F 的坐标也可以写作 $\left(2, -\dfrac{7\pi}{4}\right), \left(2, -\dfrac{7\pi}{6}\right), \left(6, -\dfrac{2\pi}{3}\right)$.

在一般情况下,极径都是正值. 但是在某些必要的情况下,也允许取负值.

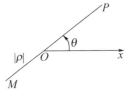

当 $\rho < 0$ 时,点 $M(\rho, \theta)$ 的位置可以按下列规则确定:作射线 OP,使 $\angle xOP = \theta$,在 OP 的反向延长线上取一点 M,使 $|OM| = |\rho|$. 点 M 就是坐标为 (ρ, θ) 的点(图 $12-8-3$).

图 $12-8-3$

例如,图 $12-8-4$ 中,当极径取负值时,点 A, B, C, D, E 的坐标可分别写作 $\left(-4, \dfrac{\pi}{6}\right), \left(-4, \dfrac{11\pi}{12}\right), \left(-5, -\dfrac{\pi}{2}\right)$, $\left(-2, -\dfrac{\pi}{12}\right), \left(-1, \dfrac{5\pi}{4}\right)$.

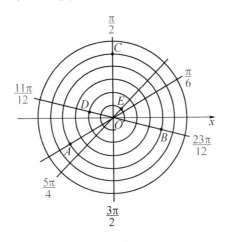

图 $12-8-4$

建立极坐标系后,给定 ρ 和 θ,就可以在平面内确定唯一点 M;反过来,给定平面内一点,也可以找到它的极坐标 (ρ, θ),但和直角坐标系不同的是,平面内一个点的极坐标可以有无数种表示法. 这是因为 (ρ, θ) 和 $(-\rho, \theta + \pi)$ 是同一点的坐标,而且一个角加 $2n\pi$(n 是任意整数)后都是和原角终边相同的角. 比如:$\left(6, \dfrac{\pi}{6}\right), \left(-6, \dfrac{\pi}{6} + \pi\right), \left(6, \dfrac{\pi}{6} + 2\pi\right)$, $\left(6, \dfrac{\pi}{6} - 2\pi\right), \left(-6, \dfrac{\pi}{6} + 3\pi\right)$ 以及 $\left(-6, \dfrac{\pi}{6} - \pi\right)$ 等,都是同

一点的极坐标.

一般地,如果(ρ,θ)是一个点的极坐标,那么$(\rho,\theta+2n\pi)$,$[-\rho,\theta+(2n+1)\pi]$都可以作为它的极坐标(这里n是任意整数).但如果限定$\rho>0,0\leqslant\theta<2\pi$或$-\pi<\theta\leqslant\pi$,那么除极点外,平面内的点和极坐标就可以一一对应了.以下,在不做特殊说明时,认为$\rho\geqslant0$.

1. 写出图中 A,B,C,D,E,F,G 各点的极坐标($\rho>0,0\leqslant\theta<2\pi$).

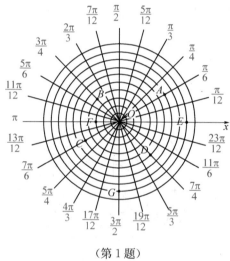

(第1题)

2. 在极坐标系中,作出下列各点.

(1) $A\left(3,\dfrac{\pi}{3}\right),B\left(3,\dfrac{\pi}{6}\right),C\left(3,\dfrac{\pi}{2}\right),D(3,\pi),E\left(3,\dfrac{3\pi}{2}\right)$,并说明这五点有什么关系;

(2) $A\left(-2,\dfrac{\pi}{6}\right)$, $B\left(-1,\dfrac{\pi}{6}\right)$, $C\left(3,\dfrac{\pi}{6}\right)$, $D\left(4.5,\dfrac{\pi}{6}\right)$, $E\left(4.55,\dfrac{\pi}{6}\right)$,并说明这五点有什么关系.

3. 在极坐标系中,画出点 $A\left(5,\dfrac{\pi}{3}\right)$ 以及 $B\left(5,-\dfrac{\pi}{3}\right)$, $C\left(-5,-\dfrac{\pi}{3}\right),D\left(-5,\dfrac{\pi}{3}\right)$,并说明点 A 和点 B,C,D 分别有怎样的相互位置关系.

12.8.2　曲线的极坐标方程

在极坐标系中,曲线可以用含有 ρ,θ 这两个变量的方程 $\varphi(\rho,\theta)=0$ 来表示,这种方程叫做曲线的**极坐标方程**(polar equation). 这时,以这个方程的每一个解为坐标的点都是曲线上的点. 由于在极坐标平面中,曲线上每一个点的坐标都有无穷多个,它们可能不全满足方程,但其中应至少有一个坐标能够满足这个方程. 这一点是曲线的极坐标方程和直角坐标方程的不同之处.

求曲线的极坐标方程的方法和步骤,和求直角坐标方程类似,就是把曲线看做适合某种条件的点的集合或轨迹,将已知条件用曲线上点的极坐标 ρ,θ 的关系式 $\varphi(\rho,\theta)=0$ 表示出来,就得到曲线的极坐标方程.

例1　求从极点出发,倾斜角是 $\dfrac{\pi}{4}$ 的射线的极坐标方程.

解　设 $M(\rho,\theta)$ 为射线上任意一点(图 12-8-5),则射线就是集合

$$P=\left\{M\,\middle|\,\angle xOM=\dfrac{\pi}{4}\right\}.$$

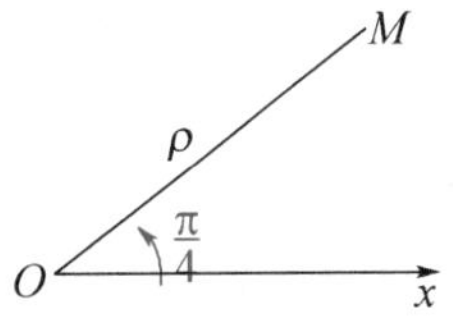

图 12-8-5

将已知条件用坐标表示,得

$$\theta=\dfrac{\pi}{4}. \qquad\qquad ①$$

这就是所求的射线的极坐标方程. 方程中不含 ρ,说明射线上的点的极坐标中的 ρ,无论取任何正值,θ 的对应值都是 $\dfrac{\pi}{4}$.

如果允许 ρ 取负值,方程①所表示的是倾斜角为 $\dfrac{\pi}{4}$ 的一条直线. 如果 ρ 不允许取负值,这条直线就要用两个方程 $\theta=\dfrac{\pi}{4}$ 和 $\theta=\dfrac{5\pi}{4}$ 来表示.

例 2　求圆心是 $C(a,0)$，半径是 a 的圆的极坐标方程.

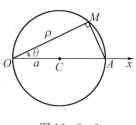

图 12 - 8 - 6

解　由已知条件，圆心在极轴上，圆经过极点 O. 设圆和极轴的另一个交点是 A（图 12 - 8 - 6），那么 $|OA|=2a$.

设 $M(\rho,\theta)$ 是圆上任意一点，则 $OM \perp AM$，可得 $|OM|=|OA|\cos\theta$.

用极坐标表示已知条件，可得方程 $\rho=2a\cos\theta$. 这就是所求的圆的极坐标方程.

> **1.** 求适合下列条件的直线的极坐标方程.
>
> （1）过极点，倾斜角是 $\dfrac{\pi}{3}$；
>
> （2）过点 $A(8,0)$，并且和极轴垂直.
>
> **2.** 求适合下列条件的圆的极坐标方程.
>
> （1）圆心在极点，半径为 3；
>
> （2）圆心在点 $A\left(3,\dfrac{\pi}{2}\right)$，半径为 3.

12.8.3　三种圆锥曲线统一的极坐标方程

在 12.4 节中我们曾经讲过，椭圆、双曲线、抛物线可以统一定义为：与一个定点（焦点）的距离和一条定直线（准线）的距离的比等于常数 e 的点的轨迹. 当 $0<e<1$ 时是椭圆；当 $e>1$ 时是双曲线；当 $e=1$ 时是抛物线. 现在我们根据这个定义来求这 3 种圆锥曲线统一的极坐标方程.

过点 F 作准线 l 的垂线，垂足为 K，以焦点 F 为极点，KF 的反向延长线 Fx 为极轴，建立极坐标系（图 12 - 8 - 7）.

设 $M(\rho,\theta)$ 是曲线上任意一点，连接 MF，作 $MA \perp l$，

$MB \perp Fx$, 垂足分别为 A, B.

那么曲线就是集合 $P = \left\{ M \middle| \dfrac{|MF|}{|MA|} = e \right\}$.

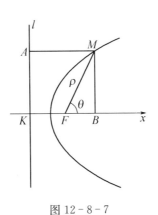

设焦点 F 到准线 l 的距离 $|KF| = p$, 由 $|MF| = \rho$, $|MA| = |BK| = p + \rho\cos\theta$, 得

$$\frac{\rho}{p + \rho\cos\theta} = e,$$

图 12 - 8 - 7

即　$\rho = \dfrac{ep}{1 - e\cos\theta}$.

这就是椭圆、双曲线、抛物线的统一的极坐标方程. 当 $0 < e < 1$ 时, 方程表示椭圆, 定点 F 是它的左焦点, 定直线 l 是它的左准线; $e = 1$ 时, 方程表示开口向右的抛物线; $e > 1$ 时, 方程只表示双曲线右支, 定点 F 是它的右焦点, 定直线 l 是它的右准线, 如果允许 $\rho < 0$, 方程就表示整个双曲线 (图 12 - 8 - 8).

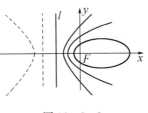

图 12 - 8 - 8

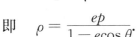

1. 以圆锥曲线的焦点为极点, 焦点到准线的垂线的反向延长线为极轴, 写出下列圆锥曲线的极坐标方程.

(1) 焦点到准线的距离是 5, 离心率等于 2;

(2) 焦点到准线的距离是 3, 离心率等于 $\dfrac{2}{3}$;

(3) 焦点到准线的距离是 4, 离心率等于 1.

2. 判定下列圆锥曲线的极坐标方程表示什么曲线, 再画出图形.

(1) $\rho = \dfrac{4}{1 - 2\cos\theta}$; 　　　　(2) $\rho = \dfrac{4}{2 - \cos\theta}$;

(3) $\rho = \dfrac{4}{2 - 2\cos\theta}$.

12.8.4 极坐标和直角坐标的互化

极坐标系和直角坐标系是两种不同的坐标系.同一个点可以有极坐标,也可以有直角坐标;同一条曲线可以有极坐标方程,也可以有直角坐标方程.为了方便研究问题,有时需要把一种坐标系中的方程化为另一种坐标系中的方程.

如图 12 - 8 - 9,把直角坐标系的原点作为极点,x 轴的正半轴作为极轴,并在两种坐标系中取相同的长度单位.设 M 是平面内任意一点,它的直角坐标是 (x,y),

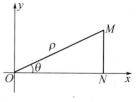

图 12 - 8 - 9

极坐标是 (ρ,θ).从点 M 作 $MN \perp Ox$,由三角函数定义,可以得出 x,y 与 ρ,θ 之间的关系

$$x = \rho\cos\theta, y = \rho\sin\theta. \qquad ①$$

由关系式①,可以得出下面的关系式

$$\rho^2 = x^2 + y^2, \tan\theta = \frac{y}{x} (x \neq 0). \qquad ②$$

在一般情况下,由 $\tan\theta$ 确定角 θ 时,可根据点 M 所在的象限取最小正角.

例3 把点 M 的极坐标 $\left(4, -\frac{\pi}{3}\right)$ 化成直角坐标.

解 $x = 4\cos\left(-\frac{\pi}{3}\right) = 2,$

$y = 4\sin\left(-\frac{\pi}{3}\right) = -2\sqrt{3}.$

所以点 M 的直角坐标是 $(2, -2\sqrt{3})$.

例4 把点 M 的直角坐标 $(-1, -\sqrt{3})$ 化成极坐标.

解 $\rho = \sqrt{(-1)^2 + (-\sqrt{3})^2} = \sqrt{1+3} = 2,$

$$\tan \theta = \frac{-\sqrt{3}}{-1} = \sqrt{3}.$$

因为点 M 在第三象限，$\rho > 0$，所以最小正角 $\theta = \frac{4\pi}{3}$.

所以点 M 的极坐标是 $\left(2, \frac{4\pi}{3}\right)$.

例 5　化圆的直角坐标方程 $x^2 + y^2 - 2ax = 0$ 为极坐标方程.

解　将 $x = \rho\cos\theta, y = \rho\sin\theta$ 代入原方程，得

$$\rho^2\cos^2\theta + \rho^2\sin^2\theta - 2a\rho\cos\theta = 0,$$

即

$$\rho = 2a\cos\theta.$$

当 $a > 0$ 时，这个方程和 12.8.2 节例 2 的圆的极坐标方程是相同的.

1. 已知各点的极坐标为 $\left(4, \frac{\pi}{4}\right), \left(1, \frac{\pi}{2}\right), (7, \pi), \left(5, \frac{5\pi}{3}\right),$ $\left(2, -\frac{\pi}{6}\right)$，求它们的直角坐标.

2. 已知各点的直角坐标为 $(-1, -1), (4, -4\sqrt{3}), (-\sqrt{3}, 1), (0, -4)$，求它们的极坐标.

3. 把下列直角坐标方程化成极坐标方程.

(1) $x = 6$;　　　　(2) $y + 2 = 0$;

(3) $3x - 2y = 0$;　(4) $x^2 + y^2 = 16$.

4. 把下列极坐标方程化成直角坐标方程.

(1) $\rho = 5$;　　　　(2) $\theta = \frac{\pi}{4}$（ρ 可取负值）;

(3) $\rho = \cos\theta$;　(4) $\rho^2\cos2\theta = 4$.

习题 12.8

1. 已知点 $A(\rho, \theta), B(\rho, -\theta), C(-\rho, -\theta), D(-\rho, \theta)$，点 A 和点

B,C,D 分别有怎样的相互位置关系?

2. 说明下列极坐标方程表示什么曲线,并画图.

(1) $\rho = 3$;　　　　　　　　　　(2) $\theta = \dfrac{\pi}{3}$.

3. 求下列各图形的极坐标方程.

(1) 过点 $A\left(2, \dfrac{\pi}{4}\right)$,平行于极轴的直线;

(2) 过点 $A(4, 0)$,垂直于极轴的直线;

(3) 圆心在点 $A(5, \pi)$,半径等于 5 的圆;

(4) 圆心在点 $A\left(5, \dfrac{\pi}{2}\right)$,半径等于 5 的圆.

4. 画出下列极坐标方程的图形.

(1) $\rho\cos\theta = 2$;　　(2) $\rho = 4\cos\theta$;　　(3) $\rho = 6\sin\theta$.

5. 从极点作圆 $\rho = 2a\cos\theta$ 的弦,求各个弦的中点的轨迹方程.

6. 把下列直角坐标方程化成极坐标方程.

(1) $x^2 + y^2 = 4$;　　　　　　　(2) $xy = 1$;

(3) $x^2 + y^2 + 4y = 0$;　　　　(4) $x^2 - y^2 = 4$.

7. 把下列极坐标方程化成直角坐标方程.

(1) $\rho = 5\sin\theta$;　　　　　　　(2) $\rho = \dfrac{5}{\cos\theta}$;

(3) $\rho(2\cos\theta - 5\sin\theta) - 3 = 0$;　　(4) $\rho = \dfrac{6}{1 - 2\cos\theta}$.

8. 已知一个圆的方程是 $\rho = 5\sqrt{3}\cos\theta - 5\sin\theta$,求圆心和半径.

本章小结(二)

在本章中我们还研究了曲线和方程、坐标轴的平移、曲线的参数方程、极坐标系和曲线的极坐标方程,以及应用的初步知识.

知识结构如下:

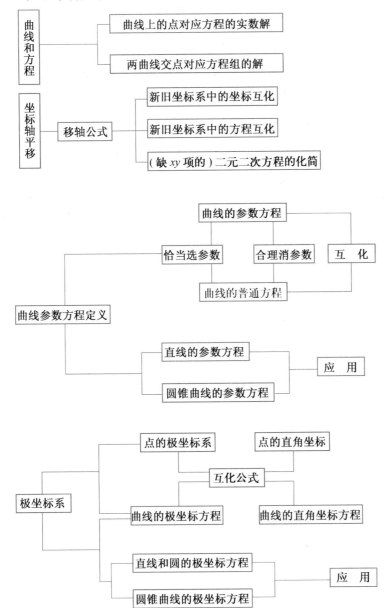

　　坐标变换是研究解析几何问题的一种重要工具,在本章中,只介绍了直角坐标系的坐标轴平移变换,给出了变换公式,并研究了利用移轴来化简缺 xy 项的二元二次方程.

　　在实际问题中,当我们求轨迹方程时,有时很难或不能找到曲线上点的坐标之间的直接关系.如果引进适当的参数,问题往往比较容易解决.研究运动物体的轨迹时,常用时间作参数;研究旋转物体时,常用转角作参数.

　　化参数方程为普通方程的关键在于消去参数.反之,选择适当的参数也可以将普通方程化为参数方程.

　　和直角坐标系一样,极坐标系也是常用的一种坐标系.利用极坐标方程表示一些环绕一点作旋转运动的点的轨迹,比较方便.

　　极坐标和直角坐标可以互化.当把直角坐标系的原点作为极点,x 轴的正半轴作为极轴时,点 M 的直角坐标 (x,y) 和极坐标 (ρ,θ) 有下面的关系

$$\begin{cases} x = \rho\cos\theta, \\ y = \rho\sin\theta; \end{cases} \qquad \begin{cases} \rho^2 = x^2 + y^2, \\ \tan\theta = \dfrac{y}{x}\ (x \neq 0). \end{cases}$$

复习参考题（二）

A 组

1. 求直线 $y=-2x+5$ 被抛物线 $y=x^2-2x+1$ 截得的线段的中点的坐标.

2. 如果直线 $y=kx-1$ 与双曲线 $x^2-y^2=4$ 没有公共点，求 k 的取值范围.

3. 平移坐标轴，把原点移到 $O'(-4,2)$，求下列各点的新坐标，并画出新坐标轴和各点.

$A(-8,3),B(2,3),C(-4,2),D(0,0)$.

4. 经过坐标轴平移后，点 A 的坐标由 $(2,-1)$ 变为 $(-2,1)$，求坐标原点在新坐标系中的坐标.

5. 利用坐标变换化简下列方程.

(1) $x^2+y^2-4x+2y=0$;

(2) $x^2+4y^2+8x-16y-17=0$;

(3) $2x^2-y^2+6x+2y+3=0$;

(4) $y^2-4y-4x+16=0$.

6. 求双曲线 $9x^2-4y^2-18x-16y-43=0$ 的中心、焦点和顶点坐标，并求准线和渐近线方程.

7. 设 t 和 θ 是参数，化下列各参数方程为普通方程，并画出它们的图形.

(1) $\begin{cases} x=\sqrt{1-t}, \\ y=t; \end{cases}$ (2) $\begin{cases} x=5\cos\theta+2, \\ y=2\sin\theta-3. \end{cases}$

8. 与普通方程 $x^2+y-1=0$ 等价的参数方程是（   ）.

A. $\begin{cases} x=\sin t \\ y=\cos^2 t \end{cases}$（$t$ 为参数）   B. $\begin{cases} x=\tan\varphi \\ y=1-\tan^2\varphi \end{cases}$（$\varphi$ 为参数）

C. $\begin{cases} x=1-t \\ y=t \end{cases}$（$t$ 为参数）   D. $\begin{cases} x=\cos\theta \\ y=\sin^2\theta \end{cases}$（$\theta$ 为参数）

9. 参数方程 $\begin{cases} x = t + \dfrac{1}{t}, \\ y = t^2 + \dfrac{1}{t^2} \end{cases}$ （t 为参数）所表示的曲线是（　　）.

A. 椭圆 　　 B. 抛物线 　　 C. 双曲线 　　 D. 以上都不对

10. 说明下列方程表示什么曲线，并画出它们的图形.

(1) $\rho = \dfrac{5}{1 - \cos\theta}$; 　　　　 (2) $\rho = \dfrac{5}{3 - 4\cos\theta}$;

(3) $\rho = \dfrac{1}{2 - \cos\theta}$.

11. 把下列各直角坐标方程化成极坐标方程.

(1) $(x^2 + y^2)^2 = a^2(x^2 - y^2)$;

(2) $x\cos\alpha + y\sin\alpha - p = 0$;

(3) $x^2 = 2p\left(y + \dfrac{p}{2}\right)$.

12. 把下列极坐标方程化成直角坐标方程.

(1) $\rho = 64\sin\theta$; 　　　　 (2) $\rho = -4\sin\theta + \cos\theta$;

(3) $\rho\cos\left(\theta - \dfrac{\pi}{3}\right) = 1$.

B 组

13. 已知离心率 $e = \dfrac{\sqrt{3}}{2}$ 的椭圆 $\dfrac{x^2}{a^2} + \dfrac{y^2}{b^2} = 1\,(a > b > 0)$ 截直线 $x + 2y + 8 = 0$ 所得的弦长为 $\sqrt{10}$，求椭圆的方程.

14. 已知双曲线 $x^2 - \dfrac{y^2}{2} = 1$，过点 $P(1,1)$ 能否作一条直线 l 与双曲线交于 A, B 两点，使 P 为线段 AB 的中点？

15. 求下列曲线方程.

(1) 椭圆的两个顶点为 $(-3, 2)$ 和 $(5, 2)$，且长轴长是短轴长的 2 倍；

(2) 双曲线的对称轴是直线 $x = 2$ 和 $y = 1$，一个顶点是点 $(2, 4)$，一条渐近线方程为 $3x - 4y - 2 = 0$；

(3) 抛物线焦点为 $F(3, -3)$，准线方程为 $y = 1$.

16. 将下列方程化为普通方程，并画出简图.

(1) $\begin{cases} x = \dfrac{m+1}{m+2}, \\ y = \dfrac{2m}{m+2} \end{cases}$ （m 为参数）;

(2) $\begin{cases} x = e^t + e^{-t}, \\ y = e^t - e^{-t}; \end{cases}$ (t 为参数)

(3) $\begin{cases} x = \dfrac{4-t^2}{4+t^2}, \\ y = \dfrac{-8t}{4+t^2}; \end{cases}$ (t 为参数)

(4) $\begin{cases} x = \sin t, \\ y = 1 + \cos 2t. \end{cases}$ (t 为参数)

17. 已知直线 $\begin{cases} x = -2 - \sqrt{2}\,t, \\ y = 3 + \sqrt{2}\,t \end{cases}$ (t 为参数) 上点 P 到点 $A(-2,3)$ 的距离为 $\sqrt{2}$，求点 P 的坐标.

18. 说明下列两条直线的位置关系.

(1) $\theta = \alpha$ 和 $\rho\cos(\theta - \alpha) = a$；

(2) $\theta = \alpha$ 和 $\rho\sin(\theta - \alpha) = a$.

19. 从极点 O 作直线和直线 $\rho\cos\theta = 4$ 相交于点 M，在 OM 上取一点 P，使 $OM \cdot OP = 12$，求点 P 的轨迹方程.

20. 长为 $2a$ 的线段，其端点在两个直角坐标轴上滑动，从原点 O 作这条线段的垂线，垂足为 M，求点 M 的轨迹的极坐方程(Ox 为极轴).

图书在版编目(CIP)数据

数学. 二年级. 下册 / 唐志华主编. — 南京：南京大学出版社，2019.12(2025.1重印)
ISBN 978 - 7 - 305 - 22660 - 1

Ⅰ. ①数… Ⅱ. ①唐… Ⅲ. ①数学－高等师范院校－教材 Ⅳ. ①O1

中国版本图书馆 CIP 数据核字(2019)第 249728 号

出版发行　南京大学出版社
社　　址　南京市汉口路 22 号　　　　邮　编 210093
书　　名　**数学 二年级 下册**
　　　　　SHUXUE ERNIANJI XIACE
主　　编　唐志华
责任编辑　杨　博　吴　汀　　　　　　编辑热线　025-83595840
照　　排　南京开卷文化传媒有限公司
印　　刷　丹阳兴华印务有限公司
开　　本　787 mm×1 092 mm　1/16　印张 8.5　字数 157 千
版　　次　2019 年 12 月第 1 版　　2025 年 1 月第 5 次印刷
ISBN　978 - 7 - 305 - 22660 - 1
定　　价　34.00 元

网　　址：http://www.njupco.com
官方微博：http://weibo.com/njupco
官方微信号：njupress
销售咨询热线：(025)83594756